助农致富系列丛书

小龙虾高效养殖与疾病防治技术

黄　姝　衣启麟◎主编

XIAOLONGXIA GAOXIAO YANGZHI YU
JIBING FANGZHI JISHU

U0242105

中国纺织出版社有限公司

图书在版编目（CIP）数据

小龙虾高效养殖与疾病防治技术 / 黄姝，衣启麟主编 . --北京：中国纺织出版社有限公司，2024.4

（助农致富系列丛书）

ISBN 978-7-5229-1362-9

Ⅰ.①小⋯　Ⅱ.①黄⋯ ②衣⋯　Ⅲ.①龙虾科—淡水养殖②龙虾科—虾病—防治　Ⅳ.①S966.12②S945.4

中国国家版本馆 CIP 数据核字（2024）第 033378 号

责任编辑：闫　婷　罗晓莉　　责任校对：高　涵　　责任印制：王艳丽

中国纺织出版社有限公司出版发行

地址：北京市朝阳区百子湾东里 A407 号楼　邮政编码：100124

销售电话：010—67004422　传真：010—87155801

http://www.c-textilep.com

中国纺织出版社天猫旗舰店

官方微博 http://weibo.com/2119887771

三河市宏盛印务有限公司印刷　各地新华书店经销

2024 年 4 月第 1 版第 1 次印刷

开本：880×1230　1/32　印张：6.125

字数：156 千字　定价：49.80 元

本书编委会

主　编　黄　姝　大连海洋大学

　　　　衣启麟　大连海洋大学

编　委　张　恒　广州利洋水产科技股份有限公司

　　　　李应东　沈阳农业大学

　　　　丰程程　沈阳农业大学

　　　　韩　冰　大连海洋大学

前　言

　　克氏原螯虾,原产于北美,俗称淡水小龙虾。小龙虾营养丰富,产量达到全世界淡水龙虾的 70%以上。我国自 20 世纪 80 年代开始小龙虾的加工产业,近 20 年来,随着人工繁育技术的不断提升,小龙虾养殖面积和规模不断扩大,养殖产业发展迅速,形成了全国范围内的小龙虾养殖热潮,其加工食品成为风靡全国的餐桌文化,经济产值巨大,开发前景仍然较为广阔。

　　小龙虾对环境适应性较好,对温度、盐碱度、溶解氧水平等的耐受性均较其他养殖类甲壳动物高,在池塘、河沟、湖泊、稻田、沼泽地中均能够繁育与生长。目前,小龙虾的自然繁殖、人工繁育技术和养殖技术均较为成熟。同时,小龙虾的营养学和免疫学研究也有一定突破,相关的商品化饲料和动保产品均有流通于市面。

　　基于这些研究成果和市场广泛调研,本书系统总结了小龙虾繁育、养殖及病害防控技术与方法。同时,本书对小龙虾分布、生物学特性、小龙虾养殖模式、养殖管理等方面的知识作了一并总结,涵盖了小龙虾上游到下游产业链的基本知识。重点介绍了小龙虾苗种生产技术和养殖技术,力求做到重点突出,通俗易懂,以供小龙虾养殖人员参考,规避养殖风险,提高养殖成功率和产量。在解决病害问题时,执业兽医师可以根据实际情况确定最佳治疗方案。在生产实际中,所用药物学名、常用名和实际商品名称有差异,药物浓度也有所不同,建议读者在使用每一种药物之前,参阅厂家提供的产品说明以确认药物用量、用药方法、用药时间及禁忌等。

　　本书由大连海洋大学水产与生命学院虾蟹增养殖创新团队专家精心编写,内容来源于教学科研一线以及生产实践的第一手资料。全

书共分为七章，其中第一章由衣启麟编写，第二章到第七章由黄姝编写。本书编写过程中，得到了广州利洋水产科技有限公司的大力支持，为本书提供了公司多年来在生产中积累的小龙虾养殖案例和数据，在此对马家好董事长及张恒副总经理的指导和支持表示衷心的感谢。同时，本书还参考了许多同仁的研究成果，采用了相关企业的文献资料。此外，参与编写工作的还有王凤池、涂宇涵、李嘉铭、杨智超、李佳琳、马瑀晗、吴子豪、任万哲、王子威、黄关露、白圆媛、程玺霖、常自豪等同志，在此一并表示感谢。

值得注意的是，近年来，小龙虾种质资源退化较为严重，存在出肉率下降、病害发生频率高等突出问题，已经严重影响了小龙虾产业的发展。在我国大力推进水产种业振兴的同时，克氏原螯虾种质资源库、种质创制等方面的研究亟待开展。随着科技创新的不断投入和相关学科领域的技术创新与发展，相信在未来，本书可以及时修订，加入最新的理论和实践知识内容，更好地服务于小龙虾产业的发展。

由于时间仓促和编写水平有限，书中纰漏之处在所难免，恳请业内专家和广大读者批评指正。

编　者

2023 年 11 月 15 日

在解决病害问题时，执业兽医师可以根据实际情况确定最佳治疗方案。在生产实际中，所用药物学名、通用名和实际商品名称有差异，药物的剂型和规格也有所不同，建议读者在使用每一种药物前，参阅厂家提供的产品说明书以确定药物的用法、用量、用药时间、注意事项及休药期等。——出版者注

目　录

视频二维码

第一章 小龙虾的由来与分类学地位

第一节 螯虾的分类与分布

一、螯虾

螯虾是节肢动物门甲壳纲十足目螯虾次目的统称，体型呈圆筒状、外被甲壳、头胸甲稍侧扁，因其第一对步足特化形成的大螯而得名。大部分的螯虾都生活在水中，通过鳃获取氧气。螯虾的体内没有骨头（内骨骼），取而代之的是像盔甲一样附在螯虾身体表层的外骨骼，主要由几丁质构成。

螯虾的俗称有许多种，不同国家的人对于螯虾会有不同的称呼。螯虾的英语通常为 crayfish，螯虾在美国南部被称作 crawfish，在南美洲被称为 crawdads，在英国被称为 prawn，法国被称为 écrevisse，而在国内则通常将螯虾称为小龙虾、蝲蛄等。螯虾广泛分布于世界各地，但目前螯虾的分类学研究尚处于起步阶段，新品种螯虾还在不断被发现的过程中。同时，在已经发现的物种中，也存在不同地理群体的螯虾在形态学上存在差异，但在遗传学鉴定中没有差异等情况，因此，国际上主流分类研究将螯虾主要分为 2 个总科，拟螯虾总科（Parastacoidea）和螯虾总科（Astacoidea）；其下又分为 3 个科，包括拟螯虾科（Parastacidae）、正螯虾科（Astacidae）和螯虾科（Cambaridae）。

目前，全世界已发表的螯虾物种有 30 个属，有 600 多个品种，且新品种仍被持续地发现和纪录。几乎每一年都会有新品种的螯虾被发现，这类高度分化的生物有两个多样性中心点，分别为美国东南部的阿巴拉契亚山脉以及澳大利亚东南部区域。其中，美国大约有 400 种，而澳大利亚约有 100 种。世界上最大的淡水螯虾是在澳大利亚栖息的塔斯马尼亚螯虾，其学名为 *Astacopsis gouldi*，分布在澳大利亚塔斯马尼亚岛。在文献记载中，其最大体长可达 80 厘米，体重超过 5 千克。

二、淡水螯虾的起源

淡水螯虾演化的起源假说有许多种，较早期的说法是全世界淡水螯虾的祖先都是由海产的海螯虾类演化而来，其外形与如今的淡水螯虾相当类似。淡水螯虾的祖先从大洋中逐渐向内陆湖泊迁徙演化，进而散布到世界各地。因此世界各地的淡水螯虾无论外观还是内部结构都相当类似。但在后来的研究中发现，淡水螯虾的生活史完全在淡水环境中完成，并无降海繁殖阶段。换句话来说，这些淡水螯虾根本无法跨越海水屏障，进而散布到其他淡水水域中生活，因此推翻了早期螯虾的演化推测。

2017 年提出的新假说将其起源修正为：早期的螯虾以温带地区为中心，向世界各地扩散。在扩散的同时，也有一些种类的海产螯虾分别由世界各地的近海海域向淡水水域中迁徙，进而独立演化出不同的螯虾种类。也正因如此，才会出现澳大利亚生长的螯虾通常体型较大，且更具武士姿态，而北美洞穴中所采集到的螯虾则缺乏色素，并拥有退化的双眼。这些姿态的多样化正是世界各地特有螯虾分化的证明。

第二节　小龙虾的概况

小龙虾（*Procambarus clarkii*）学名为克氏原螯虾，又称红螯虾、淡水小龙虾和克氏螯虾，具有虾的显著特征。在分类上属于节肢动物门、甲壳纲、十足目、爬行亚目、螯虾科、原螯虾属。

小龙虾的分布范围很广，从墨西哥北部到佛罗里达州的埃斯坎比亚县，从北到伊利诺伊州的南部和俄亥俄州，该物种也已被引入欧洲、非洲、东亚、南美和中美洲。18 世纪末，小龙虾成为欧洲人的重要食物来源。1918 年，小龙虾由美国移植到了日本的本州，1929 年，又由日本人将小龙虾投放到我国的南京与滁州交界处。20

世纪 60 年代我国开始食用小龙虾，南京作为引入地，成为主要食用地区。20 世纪 70 年代初，小龙虾在长江流域快速扩散，采集和食用小龙虾的地区逐渐扩大。经过数十年的繁衍和迁徙，小龙虾现已扩展到江苏、安徽、湖北、浙江、上海、陕西、河北、辽宁、重庆、四川等 20 多个省、市和自治区，遍布我国江河、水库、沟渠和池塘，成为我国自然水域中具有较大种群规模的淡水虾类品种。

小龙虾的可食用部分占其体重的 40%，虾尾肉占体重的 15%～18%，肉质鲜美，营养丰富。此外，小龙虾为杂食性动物、生长速度快、适应能力强，能够在当地生态环境中形成绝对的竞争优势，目前它已成为我国重要的淡水经济虾类，深受人们的喜爱。且随着国内消费数量的日益增加，野生种群数量已无法满足市场需求，因此开展人工养殖成为必然的选择。作为小龙虾主产地的澳大利亚，是近 20 年来小龙虾养殖发展最快的国家，澳大利亚拥有 20 多家小龙虾养殖场，年产量在 5000 吨以上；但小龙虾养殖最有成效的国家是美国，已到达 3000 千克/公顷的产量。但值得注意的是，在小龙虾商业养殖过程中应严防逃逸，尤其是严防逃入人迹罕至的原生态水体，防止其因在当地物种生态中的竞争优势而导致破坏性危害。

第三节　小龙虾产业发展的意义

1. 食用价值

小龙虾肉味鲜美，风味独特，蛋白质含量高，脂肪含量低，虾黄具有蟹黄味，钙、磷、铁等含量丰富，是营养价值较高的动物性食品，已成为我国城乡居民餐桌上的美味佳肴。小龙虾还具有一定的食疗价值，在国内外市场上的消费量与贸易量与日俱增。

小龙虾可食比率为 20%～30%，虾肉占体重的 15%～18%。从蛋白质成分来看，小龙虾的蛋白质含量高于大多数的淡水和海水鱼、虾。100 克小龙虾肉中的水分含量为 8.2%、蛋白质含量为 58.5%、脂肪含量为 6.0%、甲壳素（几丁质）含量为 2.1%、灰分含量为 16.8%、矿物质含量为 6.6%，还有少量的微量元素。其氨基酸组成优于肉类，含有人体所必需的而体内又不能合成或合成量不足的 8 种氨基酸，不仅包括异亮氨酸、色氨酸、赖氨酸、苯丙氨酸、缬氨酸和苏氨酸，而且还含有脊椎动物体内含量很少的精氨酸。此外，小龙虾还含有幼儿必需的组氨酸。特别是占其体重5%左右的肝脏（俗称虾黄），味道鲜美，营养丰富，其中含有丰富的不饱和脂肪酸、蛋白质和游离氨基酸。

2. 药用价值

小龙虾是一种高蛋白质、低脂肪的保健食品，有很好的食疗作用。经常食用小龙虾，不仅可以使人体神经与肌肉保持兴奋性、提高运动耐力，而且还能抵抗疲劳、补肾、壮阳、滋阴、健胃、防治多种疾病。小龙虾体内的原肌球蛋白和副肌球蛋白含量较多，可以防止胆固醇在人体内蓄积。相较其他虾类，小龙虾含有更多的铁、钙、锰和胡萝卜素。机体神经系统和肌肉的兴奋性与钙和锰密切相关：随着血清钙量的下降，神经和肌肉的兴奋性增高；而钙和锰对中枢神经具有调节作用。此外，小龙虾虾壳可以入药。将蟹、虾壳和栀子焙成粉末，可辅助治疗神经痛、风湿、小儿麻痹、癫痫、胃病及妇科病等。在美国，人们还利用小龙虾壳制造止血药。

小龙虾中含有丰富的镁，镁对心脏活动具有重要的调节作用，能很好地保护心血管系统，它可减少血液中的胆固醇含量，防止动脉硬化，同时还能扩张冠状动脉，有利于预防高血压及心肌梗死；小龙虾的通乳作用较强，并且富含磷、钙，对小儿、孕妇尤有补益功效；小龙虾体内的虾青素有助于消除因时差反应而产生的"时差症"；小龙虾还有化痰止咳、促进手术后的伤口生肌愈合作用。

3. 商品价值和饲料价值

小龙虾加工制成的副食产品种类很多，如冻生小龙虾肉、冻生小龙虾尾、冻生整肢小龙虾、冻熟小龙虾虾仁、冻熟整肢小龙虾、水洗小龙虾肉、冻虾黄等。

小龙虾除去甲壳后的其他部分是鱼类重要的饲料来源。20 世纪八九十年代，小龙虾价格相对低廉，许多河蟹养殖户往往将小龙虾当作河蟹的重要饲料来源。

虾壳的作用也很大，它可用于提炼甲壳素。有研究指出，用虾壳制成的饲料添加剂，对家畜养殖很有帮助。因此，小龙虾还可以当作家畜养殖的重要饲料。

4. 工业价值

目前，我国小龙虾的加工产品主要为虾仁、虾球及整肢虾，特别是虾仁、虾球的加工，会留下大量的虾头、虾壳等废弃物。研究表明：每只小龙虾的可食比率为 20%~30%，剩余 70%~80% 的部分（主要为虾头、虾壳）可作为化学工业原料进行开发利用。其衍生的高附加值产品有近 100 项，转化增值的直接效益将超过上千亿元。在虾头和虾壳里，富含着地球上第二大再生资源——甲壳素、虾青素及其衍生物。甲壳素除了具有降血脂、降血糖、降血压三项生物功能以外，大量国外医学文献报道甲壳素还具有抑制癌、瘤细胞转移，提高人体免疫力及护肝解毒的作用。尤其适用于糖尿病、肝肾病、高血压、肥胖等患者，有利于预防癌细胞病变和辅助放疗、化疗治疗肿瘤疾病。天然虾青素是世界上最强的天然抗氧化剂，能有效清除细胞内的氧自由基，增强细胞再生能力，维持机体平衡和减少衰老细胞的堆积，由内而外保护细胞和 DNA 的健康，从而保护皮肤健康，促进毛发生长，抗衰老、缓解运动疲劳、增强活力。此外，虾壳还可用于制作生物柴油催化剂。

第二章　小龙虾的生物学习性

第一节　形态特征

一、外部形态

小龙虾甲壳坚硬，体形粗短，左右对称，成体长约 5.6~11.9 厘米，虾体外观略呈纺锤形，最大的个体体长为 14~16 厘米，体重为 100~120 克。整体颜色包括红色、红棕色、粉红色。整个身体由头胸部和腹部组成，由于头部和胸部完全连结成一个整体，故又被称为头胸部。背部是酱暗红色，两侧是粉红色，带有橘黄色或白色的斑点。甲壳部分近黑色，腹部背面有一楔形条纹。幼虾体为均匀的灰色，有时具有黑色波纹、螯狭长、甲壳中部不被网眼状空隙分隔，甲壳上明显具有颗粒。额剑具有侧棘或额剑端部具有刻痕。爪子是暗红色与黑色，有亮桔红色或微红色结节。幼体和雌性的爪子的颜色可以是黑褐色、头顶尖长，经常有轻微刺或结节，结节通常具有锋利的脊椎。

1. 头胸部

小龙虾的头胸部由头部 6 节和胸部 8 节连结而成，特别粗大，外被头胸甲。头胸甲钙化程度很高，十分坚硬，长度占小龙虾身体的一半。额剑带眼柄的复眼可自由转动，长在基部两侧。头胸甲背面与胸壁相连，两侧游离形成鳃腔。头部与颈部有一条分界线，是头胸甲背部中央的一条横沟，也称颈沟。

头胸部共有附肢 13 对，头部的 5 对附肢分别为第一触角、第二触角、大颚、第一小颚和第二小颚。触角近头部粗大，尖端小而尖，具有嗅觉、触觉、平衡的功能；大颚、小颚具有摄食与促进鳃室内水流流动的功能。胸部附肢共 8 对，分别为第一至第三颚足和第一至第五步足各一对。前 3 对步足呈钳状，其中第一步足粗壮发达，后 2 对步足末端呈爪状，第一步足特化形成大螯，雄性的螯比雌性的更发达，并且雄性双螯前外缘有一鲜红的薄膜，十分显眼。雌性则没有此红色薄膜，这是雌、雄区别的重要特征。

2. 腹部

小龙虾的腹部分（图 2-1）节明显，共 7 节。节与节之间有膜，外骨骼由背板、腹板、侧板和后侧板组成，尾节扁平。腹部的 6 对附肢被称为游泳肢，不太发达。第一至第五腹节各具一对腹足，第七腹节为尾节，呈锥状，与尾肢共同组成尾扇，腹面正中有一纵列为肛门。性成熟时，雌、雄虾第一、第二腹足差异明显，雄虾第一和第二腹足特化为交接器，第二腹足内肢上具有一三角形硬质的雄性附肢。雌虾的第一腹足退化，生殖孔位于第 3 对步足基部。雌虾在抱卵期和孵化期的尾扇均向内弯曲，爬行或受敌时，以保护受精卵或稚虾免受损害。

二、内部结构（图 2-2）

1. 呼吸系统

小龙虾的呼吸器官为鳃，位于胸部两侧，呈羽状，共有 17 对，其中足鳃 6 对，着生于第二颚足至第四步足。基部两侧关节鳃有 11 对，着生于第二颚足、第三颚足至第四步足附肢与体壁关节膜上，除第二颚足上有一对鳃外，其余附肢上各有两对鳃。鳃上密布细小的鳃丝，呼吸时，颚足促进水流进入鳃腔，水流经过鳃丝完成气体交换，带走废气，留下充足的氧气，水流的不断循环，保证了呼吸作用所需氧气的供应。

2. 消化系统

小龙虾的消化系统主要包括口器、食道、胃、肠、肝胰脏、直肠和肛门。其中，口器位于大颚之间，后接食管。食管食物由口器的大颚切断咀嚼后送入口中，食管很短，呈管状，食物经食管进入

 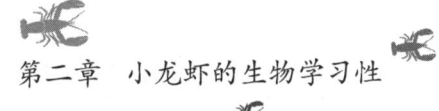

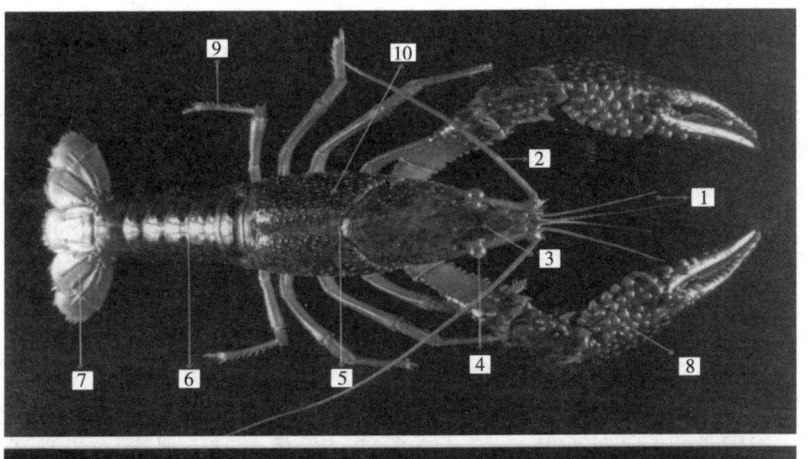

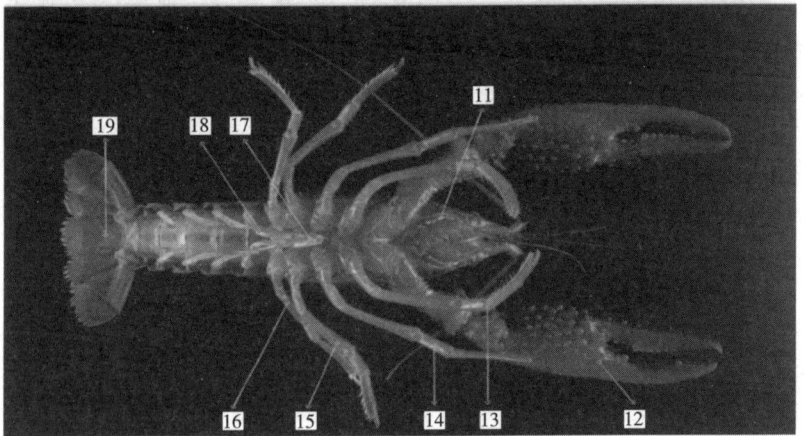

图2-1　小龙虾的外部和腹部结构

1—第一触角　2—第二触角　3—额角　4—复眼　5—颈沟　6—腹节

7—尾扇　8—第一步足（大螯）　9—第五步足　10—头胸甲

11—颚足　12—第一步足　13—第二步足　14—第三步足

15—第四步足　16—第五步足　17—第一腹肢（雄虾：第一生殖肢）

18—第二腹肢（雄虾：第二生殖肢）　19—肛门

胃；胃膨大，分为贲门胃和幽门胃。贲门胃内壁有钙化的齿状凸起，称为胃磨，蜕壳前期和蜕壳期的凸起较大，蜕壳间期较小，起着调节钙质的作用。中肠很短，具有分泌多种消化酶的功能，与前胃相接。肝胰脏位于中肠两侧，有肝管与中肠相通。肝胰脏是虾类最大的消化酶分泌器官，可分泌与食物消化有关的多种水解酶。同时它也是重要的贮存器官，在肝胰脏内有贮藏蛋白质颗粒、脂肪颗粒和无机物的不同类型的贮藏细胞。其中贮藏钙、磷颗粒的细胞最多，在小龙虾蜕皮周期中，肝胰脏具有充当无机元素的转运库和贮藏库的作用。后肠细长，位于腹部背面，其末端为球形的直肠，并与肛门相连。

3. 循环系统

小龙虾的循环系统是开管式循环，包括心脏、血淋巴和血管。小龙虾的血淋巴无色，内含血蓝素。心脏位于头胸部背侧后缘围心窦中，有心孔3对，1对在背面，2对在侧面。血液自心脏向身体前后经7条动脉流出。从心脏前行发出5条动脉，即眼动脉1条、触角动脉2条、肝动脉2条。从心脏后端向后发出1条腹上动脉、1条胸动脉，胸动脉穿过头部中央到达腹神经索，再向前分出胸下动脉和向后分出腹下动脉。

4. 排泄系统

小龙虾的排泄器官是一对触角腺，又称绿腺，位于第二触角基部，分为腺体部与呈薄膜状的膀胱两部分。膀胱的排泄管开口位于第二触角基部。

5. 神经系统

小龙虾的神经系统由神经节、神经和神经索组成。脑神经节位于食道上方，其神经分布至眼和两对触角，食道下神经分布至大颚、小颚和颚足。围食道神经1对，与脑神经节和食道下神经连接成环状。食道下神经节与腹神经索相连。神经连接神经节通向全身，使小龙虾能正确感知外界刺激，并迅速做出反应。小龙虾的感觉器官为第一和第二触角、复眼和触角基部的平衡囊，具有嗅觉、触觉、视觉和平衡的功能。

6. 生殖系统

小龙虾性腺位于头胸甲内，雌雄异体。雌、雄虾的生殖腺位于胸部背面与心脏和胃之间，呈三叶状，前端分离成两叶，后端愈合为一叶。雄性精巢呈白色，位于围心窦腹面。输精管开口于第五对步足基部内侧，输精管末端膨大成精囊。雌虾卵巢性成熟时呈深褐色，发育初期呈白色，中期呈暗绿色。卵巢位于头胸甲背面两侧，经两条输卵管开口于第三步足基部内侧，第四、第五步足基部之间的腹甲上有一椭圆形凹陷，为雌虾的纳精囊。

7. 内分泌系统

螯虾的内分泌腺除了 X 器官、Y 器官及窦腺以外，还有被称为后接收器的神经血液器官、分布于围心腔内壁神经丛的分泌细胞和附着于精巢前端部的造雄腺等。

当螯虾受到身体内外环境刺激时，会传达到中枢神经系统，刺激神经分泌细胞分泌荷尔蒙，可直接或间接的带动各相关的器官，进而刺激交配繁殖或抱卵。

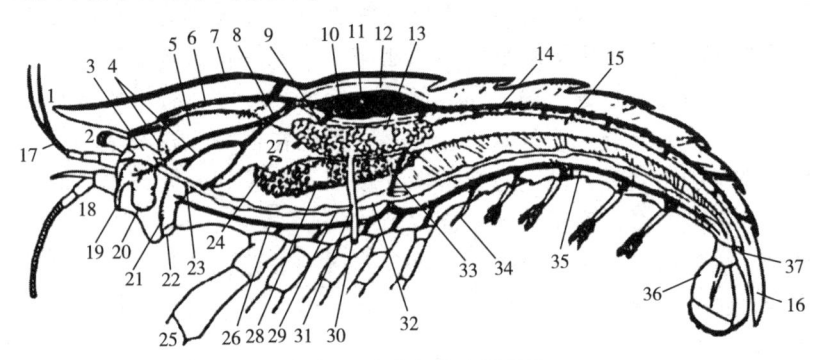

图 2-2　小龙虾的内部结构

1—额角　2—复眼　3—脑　4—触角动脉分交　5—贲门胃　6—眼动脉　7—头胸甲
8—触角动脉　9—肝动脉　10—心门　11—心脏　12—围心腔　13—卵巢　14—后行大动脉
15—肠　16—尾节　17—第一触角　18—第二触角　19—触角腺开口　20—触角腺
21—食道　22—口　23—围食道神经连锁　24—左侧肝管　25—螯足　26—腹行动脉
27—幽门胃　28—肝脏　29—腹髓　30—生殖器　31—输卵管　32—胸部神经节
33—下行动脉　34—第一腹足（游泳足）　35—下行腹动脉
36—尾肢　37—肛门

11

第二节 生活习性

一、栖息

小龙虾喜阴怕光，为底栖动物，常栖息于溪流、沼泽、沟渠、池塘和湖泊等，昼伏夜出，傍晚觅食，食性很杂，冬夏穴居。通常的生活环境符合水体较浅、水草丰盛、有机物碎屑较为丰富等特点，小龙虾的适应能力很强，在一些其他鱼、虾不能生存的富营养水体中也能够生存。

小龙虾适应性极强，具有较广的适宜生长温度，在水温为 10~30℃时均可正常生长发育。亦能耐高温、严寒，可耐受 40℃以上的高温，也可在-14℃以下的环境中安然越冬。同许多甲壳类动物一样，小龙虾的生长也伴随着蜕壳，蜕壳时，小龙虾一般会寻找隐蔽处，如水草丛中或植物叶片下。

小龙虾喜欢并善于掘洞。养殖池的土质条件对小龙虾掘洞的影响较为明显，在有机质缺乏的砂质土中，小龙虾打洞现象较多，而在硬质土中打洞较少。在水质较肥、底层淤泥较多、有机质丰富的条件下，小龙虾洞穴明显减少。但是，无论在何种生存环境中，在繁殖季节的小龙虾打洞的数量都明显增多。这是因为繁殖季节时小龙虾喜掘穴。洞穴位于池塘水面以上 20 厘米左右，深度达 60~120 厘米，内有少量积水，以保持湿度，洞口一般以泥帽封住，以减少水分散失。因此，可以根据小龙虾的穴居习性，养殖池塘底以用黏土或壤土最好。

小龙虾拥有较强的陆地生存能力，在水体环境恶化、食物匮乏以及交配行为的驱使下，可以利用其步足迁移至相邻水体。在环境及空气湿度适宜的情况下，离水时间最长可达 15 天（气温不超过 18℃的条件下）；若在夏季，离水后在保持湿润的条件下可存活 2~5 天；在冬季枯水期，岸边泥洞中的成体小龙虾利用雨水和晚间的露水，使鳃部保持湿润，可存活 1~2 个月甚至更久。当水体溶氧不足

时，小龙虾常利用水面漂浮的植物叶片、树枝以及高出水面的石块，使得一侧的鳃暴露在空气中以吸取氧气。

小龙虾对氨氮有较高的耐受力，对多数甲壳动物和鱼类有剧毒的氨氮，对小龙虾却影响不大。小龙虾对重金属也有较强的耐受力，其幼虾对硫酸铜的安全浓度为 7.83 毫克/升。但是，小龙虾对农药和渔药的反应敏感，有机磷类药物只要超过 0.70 毫克/升，小龙虾就会中毒。对鱼类安全的消毒药物，如漂白粉、生石灰等，剂量过大时小龙虾会表现出或轻或重的中毒症状。

二、行为

1. 趋水性

小龙虾有很强的趋水流性，喜新水、活水，逆水上溯，且喜集群生活。在养殖池中常成群聚集在进水口周围。大雨天，小龙虾可逆水流上岸边作短暂停留或逃逸，水中环境不适时也会爬上岸边栖息，因此养殖场地要有防逃的围栏设施。

2. 打斗性

小龙虾凶猛好斗，个体间经常发生攻击行为。当密度过高、缺饵料、水环境恶化等状况发生时，小龙虾会出现相互残杀的现象，若为刚蜕完壳的软壳虾，则很有可能被对方吃掉。

3. 领地性

小龙虾具有很强的领域行为，其会为自己选择某一区域作为领域，这个区域仅供自己进行掘洞，不允许其他同类进入，只有在繁殖季节，才可有异性进入。一旦同类进入它的领地，就会发生打斗行为。领地的表现形式是自然状态下小龙虾在池底分布均匀，在洞穴内不能容忍同类尤其是同一性别的小龙虾存在。当然领地的大小及位置会随时间和生态环境不同而作适当的调整。

4. 雌雄同穴性

越夏或越冬时，雌雄同居在一个洞穴之中，繁殖期内大部分洞穴的雌雄比例为 1∶1。在同个洞穴中，雄虾数量总是小于或等于雌虾数量。在调查中发现，一个洞穴中小龙虾的数量最多可达到 15 只，雌、雄比为9：6。

5. 挖洞性

小龙虾还具有很强的挖洞能力。冬夏两季，小龙虾一般在水体的近岸掘穴，常营穴居生活，夏季洞穴较浅，冬季洞穴较深。洞穴的大小以虾的身体长短为准，洞穴底部一般有水。小龙虾掘洞的时间多在夜间，可持续掘洞6~8小时，成虾一夜挖掘深度可达40厘米，幼虾可达25厘米，成虾的掘洞速度很快，尤其在放入一个新的生活环境中尤为明显。成虾大多数洞穴深度在50~80厘米，部分洞穴的深度超过1米。通常横向平面走向的龙虾洞穴深度才有超过1米的可能，而垂直纵深向下的洞穴一般都比较浅。幼虾洞穴的深度在10~25厘米，体长1.2厘米的幼虾已经具备掘洞的能力，洞穴深度在10~20厘米。

小龙虾在繁殖季节掘洞强度增大，在寒冷的冬季及初春，掘洞强度减弱。在繁殖期的7~10月，小龙虾的掘洞数量不断增加，表明了小龙虾在繁殖季节的强烈掘洞行为。小龙虾掘洞的洞口位置通常选择在水平面处，但这种选择常因水位的变化而使洞口高出或低于水平面，故而一般在水面上下20厘米处，小龙虾洞口数量最多，较集中于水草茂盛处。小龙虾在挖好洞穴后，多数都要加以覆盖，用泥土等物堵住入口。

6. 迁徙性

小龙虾还具有较强的迁徙能力，特别喜新水、活水，在养殖池中，常见它们成群聚集在进水口周围，逆水流上岸，从一个水域进入另一个水域，在迁徙的同时，完成觅食和交配等活动。

7. 自切和再生性

小龙虾步足受外界环境刺激（如药物、电、温度）或被外敌抓住时，经常会迅速自断其受害步足，以此逃生，此现象称为自切。小龙虾自切时，折断点总是在附肢的基节与坐节之间的关节处。步足一旦断开后，小龙虾自身立即分泌液体以封闭保护伤口。幼虾的再生能力强，损失部分在第二次蜕皮时会再生一部分，几次蜕皮后就会恢复，不过新生的部分比原先的要短小。这种自切与再生行为

是一种保护性的适应。

第三节 食性

一、摄食种类

小龙虾属于杂食动物，主要以藻类、植物、浮游生物、昆虫、小型底栖动物为食物来源。在使用人工饲料饲养小龙虾时，应当充分考虑营养配比，主要成分应包括蛋白质、糖类、脂肪、无机盐及维生素5大类。

不同成长发育阶段的小龙虾对饲料营养成分的需求也不相同，一般来说，幼苗期需要摄入更多的蛋白质以维持生长发育。通常，刚孵出的幼体以自身卵黄为营养；幼体第一次蜕壳后（Ⅱ期幼体），开始摄食浮游植物及小型枝角类幼体、轮虫、腐殖质和有机碎屑等；Ⅲ期幼体能摄取水中的小型浮游动物，如枝角类和桡足类；幼虾具有捕食水蚯蚓等底栖生物的能力；成虾的食性更杂，能捕食甲壳类、软体动物、水生昆虫幼体、水草、水底淤泥表层的腐殖质及有机碎屑等。野生状态下，小龙虾主要摄食水生高等植物，其次是浮游动物枝角类，而对藻类、蚊幼虫等的摄食强度较低；由于小龙虾能适应多种环境，它的食物组成随栖息地食物丰度而发生改变，丰度高的食物是其主要摄食来源。

显然，在小龙虾的食物组成中，植物性饵料所占比率在98%以上。水草是小龙虾不可缺少的营养源。已知水草的茎叶中往往富含维生素C、维生素E和维生素D等，可作为补充饲料，以弥补投喂谷物和劣质配合饲料时多种维生素不足的缺陷。此外，水草中还含有丰富的钙、磷和多种微量元素，其中钙的含量尤其突出。水草中通常含有1%左右的粗纤维，有助于小龙虾对多种食物的消化和吸收。

动物性饵料中，以水蚯蚓的摄食率最高，这与水蚯蚓具有较好的诱食性有关。由此可见，在野生条件下，小龙虾以水生植物和有机碎屑为主要食物。所以，人工养殖小龙虾时水草的种植一定不能忽视。只有水草丰盛，才能取得较好的养殖效果。虾苗若在缺少有机碎屑仅以水草为食的饲养条件下，由于水草不适口，生长速率也会降低。为了满足虾苗的生长需要，应注意补充投喂人工颗粒饲料。

二、摄食行为

小龙虾具有贪食、争食的习性，摄食能力很强。小龙虾的摄食量很大程度取决于所处环境的温度状况，当水温高于 10℃、低于 35℃时，绝大多数个体的食欲旺盛；当水温低于 10℃ 或高于 35℃时，摄食能力显著下降，低温环境下新陈代谢水平降低，逐步趋近于不摄食的冬眠状态，而在高温环境下则出现明显的厌食表现，随着气温的升高减少摄食量，直至因温度过高而死亡。小龙虾用螯足捕获大型食物，撕碎后再送给第二、三步足抱食。对于小型食物则直接用第二、三步足抱住啃食。小龙虾猎取食物后，为防止其他虾来抢食，常常会迅速躲藏或用螯足保护食物。

当食物匮乏时，小龙虾往往会出现同类相食的情况，尤其刚刚完成蜕壳、外壳尚未硬化的个体更容易成为攻击目标。因此在人工养殖时，要合理控制密度，保证饵料供应以及设立躲避物等。

由于小龙虾的胃容量小、肠道短，因此，它必须连续不断地进食才能满足自身生长的营养需求。如果主食是颗粒饲料，最佳的选择应当是少食多餐。小龙虾主要在浅水水域进行摄食活动，摄食不分昼夜，但昼夜节律还是比较明显的，多在傍晚或黎明，尤以黄昏为多。人工养殖的小龙虾经过了一定的驯化，白天也同样会出来觅食，但晚间的摄食活动明显多于白天。它的摄食节律主要受光照、温度、季节等环境影响，摄食平均饱满指数在 6：00 时最高，18：00 时最低；白天呈现递减趋势，晚间呈现递增趋势。小龙虾主要在傍晚觅食，18：00~21：00 是其摄食的最高峰，傍晚饲料投喂后 3 小时，小龙虾食欲最旺盛。

小龙虾的摄食种类没有表现出明显的季节变化，但是摄食强度的季节性特征明显。摄食强度以春、夏季为最高，摄食率均达到 100%；秋季次之，摄食率为 93%；冬季最低，摄食率仅为 38%。

小龙虾忍受饥饿的能力非常强，即使十几天不进食，也不会面临死亡的危险。但在生长季节就不一样，如果此时长期处于饥饿状态，小龙虾就会出现蜕壳激素和酶类分泌混乱的现象。水温升高或水质变化对小龙虾也有很大影响，会导致小龙虾蜕壳不遂并大批量死亡。当水温为15~28℃时，最适宜小龙虾摄食。在适宜温度范围内，小龙虾的摄食强度会随着水温的升高而增强。当水温低于8℃时，小龙虾的摄食量明显减少，一旦水温超过35℃，且水体中溶氧量低于1.5毫克/升时，小龙虾的摄食量出现明显的下降。

第四节　生长规律

一、蜕壳行为

作为甲壳动物中的一员，小龙虾的生长发育离不开每一次的蜕壳，蜕壳也是其发育变态的标志之一，其体重和体长的增长都是通过蜕壳来实现的。在蜕壳之前，小龙虾会在水草比较丰盛的地方打洞或者在草丛中潜伏，此时它们便不再进食。小龙虾的蜕壳过程（图2-3）需要5~10分钟。蜕壳时，它们体内的液体增多，钙质也逐渐转移，接下来小龙虾会在水底侧卧，腹肢间歇性缓缓划动，同时虾体也急剧弯曲，当弯曲成"U"形时，其头胸甲与尾部交界处产生明显裂缝，随着蜕壳的发生，裂缝逐渐变大。首先是头胸部从旧壳中脱出，紧接着通过尾部发力使得整个尾部从旧壳中弹射出来。蜕壳刚完成的时候，小龙虾的虾体颜色较浅，同时最容易遭受同类的攻击和残杀，这也是小龙虾养殖过程中成活率降低的主要原因之一。

蜕壳周期可分为蜕壳间期、蜕壳前期、蜕壳期和蜕壳后期4个阶段。小龙虾在蜕壳期间摄食频率高，甲壳逐渐变硬。从小龙虾停止摄食起至开始蜕壳时为蜕壳前期，这一阶段是小龙虾为蜕壳做准备的时期。小龙虾在蜕壳前期停止摄食，甲壳里的钙质向体内的钙质磨石（简称钙质器）转移，体内的钙质磨石变大，甲壳变薄、变软，并且与内皮质层分离。蜕壳期是从小龙虾侧卧蜕壳开始至甲壳完全蜕掉为止，这个阶段持续几分钟至十几分钟不等，通常大多在3~5分钟，时间过长造成体力消耗过大，容易引起小龙虾死亡。蜕壳后期是小龙虾甲壳的皮质层向甲壳层演变的过程。水分从皮质进入体内，身体增重、增大，体内钙质磨石中的钙向皮质层转移，皮质层变硬、变厚，成为甲壳，体内的钙质磨石最后变得很小。

　　水温、营养及个体发育阶段都会影响小龙虾的蜕壳。在水温高、食物充足的情况下，小龙虾的蜕壳时间间隔短。蜕壳的频率与发育阶段的变化有着密切的联系：幼体一般2~3天蜕壳1次，性成熟前一般7~15天蜕壳1次，性成熟后随着年龄的增长，蜕壳速度逐渐减慢，为20~60天不等。小龙虾从幼体阶段到商品虾养成一般需要蜕壳11~12次。

　　小龙虾蜕壳集中在5~6月，除冬季外，春季、夏季和秋季都可以进行蜕壳。人工养殖的商品小龙虾的寿命一般约为20个月，原产地的野生个体寿命可达3年及以上，雌性寿命略长于雄性。

图 2-3　小龙虾的蜕壳

二、生长周期

小龙虾的生命周期通常为 13~25 个月，其中，雄性小龙虾的寿命一般为 20 个月，雌虾的寿命为 24 个月。一般从受精卵开始，经过一段时间的孵化生成仔虾，仔虾逐渐变为幼虾，幼虾至性腺成熟成为成虾。

小龙虾的生活史比较简单，雌、雄亲虾交配后，雌虾将精液保存在贮精囊内，待卵细胞发育成熟后，排卵时释放精液，完成受精过程，并产生受精卵。受精卵和蚤状幼体都由雌虾独立保护并完成孵化。待到幼体孵出时，雌虾释放幼虾，幼虾开始自由生活，经过数次蜕壳，生长为成虾，一部分作为食用虾上市，另一部分继续发育为亲虾，即完成一个生命周期。

因此，可以根据小龙虾不同时期的生长特点，制订与之相适应的喂养方案，进行正确的养虾管理。由于小龙虾生长繁殖较快，如果将春天繁殖的虾苗人工喂养，4 个月后小龙虾就可长到 7~9 厘米，体重为 15~30 克；若是人工喂养初夏繁殖的虾苗，3 个半月后小龙虾就可长到 8 厘米左右，体重为 25~30 克；若人工喂养的虾苗是秋冬繁殖的，越冬后经过 4~5 个月的饲养，小龙虾体长为 9~10 厘米，体重为 25~45 克。划分龙虾生长阶段要有一定的灵活性，划分的时间界线要根据不同时期破膜而生的虾苗而定。在每年的 9~10 月破膜而生的龙虾，它的分离期可定为翌年的 2~4 月，幼苗期定为 5~6月，硬壳期定为 7~8 月，打洞期定为 9~10 月。

第五节 繁殖习性

一、性别特征

小龙虾雌雄异体，且具有较显著的第二性征：①可从腹部游泳肢的形状加以区分，雄虾腹部第一游泳肢特化为交合刺，而雌虾第一游泳肢特化为纳精孔；②雌、雄虾的螯足具有明显差别，雄性螯足粗大，性成熟的雄虾螯足两端外侧有一明亮的红色疣状突起，而雌虾螯足比较小，疣状突起不明显；③雌虾腹部有 1 个纳精囊和 4 个钙质化的附肢，还有 1 对位于第三步足基部的生殖孔和 1 对位于第五步足基部的生殖突。雌虾的生殖孔呈圆形，覆盖着一层薄膜；④生长周期相同的小龙虾，雄虾个体比雌虾大。

二、性成熟和性腺发育

在天然环境条件下，小龙虾需要 6~12 个月的时间达到性成熟，雄虾性成熟年龄为 0.7 年，雌虾性成熟年龄为 0.8 年。性成熟的小龙虾个体体重多在 25 克以上，偶尔也会有体重为 15 克的抱卵雌虾。产卵小龙虾的体重大多都在 30 克以上。在生长周期相同的亲虾中，雄虾个体比雌虾稍大，比例接近 1 : 1。

1. 雄性生殖系统

雄性的精巢较小，在养殖池塘中，一般同卵巢同步成熟。在美国各主要的螯虾生产区域，一般采用逐步排干池水的方法来刺激螯虾的性腺成熟，促进亲虾交配产卵。

（1）精巢：雄虾精巢有 1 对，位于头胸部胃的后方、心脏之前、肝胰脏之上。输精管开口位于第五步足基部内侧。在输精管的远端，许多精子在输精管内并不相互分离，而是聚集成簇，外包薄膜，形成精荚，呈管状。精荚在雌雄交配时通过交接器将精子输送到雌虾的纳精囊内。小龙虾的精子为无鞭毛精子。

（2）精巢的大小和颜色：小龙虾精巢的大小和颜色随着繁殖季节的到来而变化。未成熟的精巢为白色细线状，成熟的精巢为淡黄色的纺锤形，后者体积较前者大数倍到数十倍不等。

（3）精巢分期：一共分为 5 期，如表 2-1 所示。

表 2-1　小龙虾的精巢发育分期

精巢发育时期	精巢外观
Ⅰ 期	白色，细长条形，精巢前端为小球形
Ⅱ 期	精巢大部分呈白色，精巢呈前粗后细的细棒状

续表

精巢发育时期	精巢外观
Ⅲ期	精巢呈淡青色、圆棒状。精小管中存在少量精子
Ⅳ期	精巢体积最大，呈淡黄色，形状呈圆棒形或圆锥形，精小管中充满大量成熟精子
Ⅴ期	精巢体积明显比Ⅳ期小，精巢内存有少量精子

2. 雌性生殖系统

小龙虾的卵巢发育持续时间较长，通常在交配以后，视水温不同，卵巢需再发育2~5个月方可成熟。在生产上，可从头胸甲与腹部的连接处进行观察，根据卵巢的颜色判断性腺的成熟程度，把卵巢发育分为苍白、黄色、橙色、棕色（茶色）和深棕色（豆沙色）等阶段。其中苍白色是未成熟幼虾的性腺，细小，需数月方可达到成熟；橙色是基本成熟的卵巢，交配后需3个月左右可以排卵；茶色和深棕色是成熟的卵巢，是选育亲虾的理想类型。

雌虾生殖系统中有卵巢1对，位置同精巢。卵巢前部左右愈合，后部分成两叶，中部两侧各引出一条输卵管，分别汇集开口于第五步足基部内侧。雌虾性成熟年龄为0.8年。卵巢每年发育成熟1次，产卵1次，根据卵巢颜色变化、外观特征、性腺成熟系数和组织特征，将小龙虾卵巢发育分成7个时期（表2-2），即未发育期、发育早期、卵黄发生前期、卵黄发生期、成熟期、产卵后期和恢复期。其中，卵黄发生期又分为初级卵黄发生期和次级卵黄发生期，产卵后期分为抱卵虾期和抱仔虾期。

表2-2　小龙虾卵巢的不同发育时期

卵巢发育时期	卵巢外观
1. 未发育期	白色透明，尚未见卵粒
2. 发育早期	白色半透明的细小卵粒
3. 卵黄发生前期	均匀的灰黄色至黄色卵粒，卵径10~300微米

续表

卵巢发育时期	卵巢外观
4. 卵黄发生期	
初级卵黄发生期	黄色至深黄色卵粒，卵径 250~500 微米
次级卵黄发生期	黄褐色至深褐色卵粒，卵径 450~1600 微米
5. 成熟期	深褐色卵粒，卵径 0.5 毫米以上
6. 产卵后期	
抱卵虾期	产卵后卵巢内残存有粉红色至黄褐色的卵粒
抱仔虾期	白色透明，不见卵粒
7. 恢复期	白色半透明的细小卵粒

三、交配与产卵

小龙虾常年均可繁殖，只要水温适宜，小龙虾就能交配产卵。小龙虾在自然环境中的两个产卵高峰期分别是每年的 5 月左右和每年的 9~11 月。小龙虾在我国多数地区的产卵高峰期为 9~11 月。10月小龙虾产卵最为集中。而 1~2 月，水温太低，很少有虾可以在这时产卵。在 3~8 月水温升到 12℃以上的时候，性成熟的亲虾就开始交配和产卵。

交配一般在水中的开阔区域进行，交配水温幅度较大，从 15℃到 31℃均可进行。交配前雌虾先进行生殖蜕皮，约 2 分钟即可完成蜕皮过程。当性腺发育成熟后的雌虾蜕壳时，雄虾总是预先守候在雌虾旁边。在雌虾完成蜕壳后约 4 小时，雄虾开始接触雌虾。

交配时雌虾仰卧水面，雄虾用它又长又大的整足钳住雌虾的整足，用步足紧紧抱住雌虾，然后将雌虾翻转、侧卧。雄虾的腹部有力地颤动，射出乳白色透明的精荚，附着在雌虾第四和第五步足之间的纳精器中，精荚由一层较薄的生物胶状物包被。产卵时，卵子通过精荚释放出精子，两者结合，受精过程即可完成。交配的时间有长有短，小龙虾的交配时间一般可持续 20 分钟左右，快的仅 5 分

钟，慢的则可持续 3 小时左右。在雄虾排完精子后，就完成了它的使命，不再为后代提供其他的服务，如护精、护卵等，而这些精子在 9~10 月雌虾产卵以前就一直保存在雌虾的储精囊中。雌虾和雄虾之间还存在重复交配的现象，有些雌虾交配后数天内就可以产卵，多数雌虾交配后经过 2 个月以上才产卵。

卵巢在交配后需 2~5 个月方最后成熟，并进行排卵受精。受精卵为紫酱色，黏附于腹部游泳肢的刚毛上，抱卵虾经常将腹部贴近洞内积水，以使卵处于湿润状态。小龙虾的怀卵量较小，根据规格不同，怀卵量一般在 100~700 粒，平均为 300 粒。卵的孵化时间约为 14~24 天，但低温条件下，孵化期可长达 4~5 个月。小龙虾幼体在发育期间，不需要任何外来营养供给，刚孵出的仔虾需在亲虾腹部停留几个月左右，方脱离母体。若条件不适宜，可在洞穴中不吃不喝数周，当池塘灌水以后，仔虾和亲虾陆续从洞穴中爬出，自然分布在池塘中，有时亲虾会携带幼体进入水体之中，然后释放幼体。克氏螯虾虽然抱卵量较少，但幼体孵化的成活率很高。

小龙虾产卵行为大多在自然水域中的洞穴内进行。产卵时身体弯曲，靠不停地扇动游泳足保护产出的卵粒，以确保卵粒从贮精囊上经过并受精成功。受精后的卵子一般附着在游泳足的刚毛上，随着虾体的伸曲，卵子便逐渐产出。这一过程需要 10~30 分钟的时间。刚产出的卵为淡黄色或黑褐色的圆球形。胚胎不断发育，受精卵逐渐变成棕褐色，没有受精的卵则渐渐变成浑浊白色，脱离虾体。小龙虾的产卵量不高，亲虾的个体大小及营养状况决定着产卵的多少。

小龙虾为秋季产卵类型，1 年产卵 1 次，交配季节一般在 5~9 月。小龙虾雌虾的产卵量随个体长度的增长而增大。大部分小龙虾的产卵量为 150~300 粒，一般情况下，个体越大，产卵量越多。全长 1.00~11.99 厘米的雌虾，平均产卵量为 237 粒。采集到的最大产卵个体全长 14.26 厘米，产卵量为 397 粒；最小产卵个体全长 6.4 厘米，产卵量为 32 粒。人工繁殖条件下的雌虾产卵量一般比从天然水域中采集的抱卵雌虾的产卵量要多。在正常情况下，雌虾产卵的数量即为抱卵的数量。

四、孵化

雌性小龙虾刚产出的卵为暗褐色,卵径约1.6毫米。受精卵被胶质状物质包裹着,像葡萄一样黏附在雌虾的游泳肢上。雌虾游泳肢不停地摆动以保证受精卵孵化所需的溶解氧,同时使卵处于湿润状态。

受精卵的孵化一方面依赖母体,另一方面环境因子对它也有很大的影响。其中,温度对其影响最大,小龙虾受精卵孵化时间跟温度密切相关。在17~30℃水温条件下,随着温度的升高,受精卵孵化的时间越短,水温高于30℃时,虽然胚胎发育快,但由于水温太高,对亲虾的生理机制有伤害。低于20℃时,胚胎发育时间长,孵化率低,24~30℃水温条件下,受精卵孵化快,孵化率也高。此外,即使同一水温组的亲虾,受精卵的孵化情况也不尽相同。个体大的亲虾,其受精卵在孵化过程中死亡率低。

五、胚胎发育

小龙虾的胚胎发育共分为12期:受精期、卵裂期、囊胚期、原肠前期、半圆形内胚层沟期、圆形内胚层沟期、原肠后期、无节幼体前期、无节幼体后期、前蚤状幼体期、蚤状幼体期、后蚤状幼体期。经过5天开始蜕皮,整个蜕皮时间约为1小时。

小龙虾受精卵的颜色随胚胎发育的进程而变化,从刚受精时的棕色,到发育过程中的棕色夹杂着黄色、黄色夹杂着黑色,最后完全变成黑色,孵化时一部分为黑色,另一部分为无色透明。

六、幼体发育

小龙虾的全部体节在卵内发育时已经形成,孵化后不再新增体节,幼体孵化时,具备了终末体形,与成体无多大区别,仅缺少一些附肢而已。刚出膜的幼体为末期幼体,也称为第1龄幼体,以后每蜕一次皮为一个龄期。第一次蜕皮后的幼体称第2龄幼体,第二次蜕皮后的称第3龄幼体,以此类推。从幼体到成体共需蜕皮11次。通常认

为第 3 龄幼体已基本完成了外部结构的发育，卵黄完全被吸收，开始自由活动地摄食。因此，前 3 龄为幼体发育阶段，从第 4 龄起划分为幼虾发育阶段。

（1）第 1 龄幼体：全长约 5 毫米，体重约为 5 毫克。幼体头胸甲占整个身体的 1/2，复眼一对，无眼柄，不能转动；胸肢透明，与成体一样均为 5 对；腹肢 4 对，较成体少 1 对；尾部具有成体形态。第 1 龄幼体发育 4 天后开始蜕皮，整个蜕皮时间约为 10 小时。

（2）第 2 龄幼体：全长约 7 毫米，体重约为 6 毫克。经过第一次蜕皮和发育后，第 2 龄幼体可以爬行。头胸甲由透明转为青绿色，可以看见卵黄囊呈"U"形，复眼开始长出部分眼柄，具有摄食能力。第 2 龄幼体发育 5 天后开始蜕皮，整个蜕皮时间约为 1 小时。

（3）第 3 龄幼体：全长约 10 毫米，体重约为 14 毫克。头胸甲的形态已经成形，眼柄继续发育，且内外侧不对等，螯钳能自由张合进行捕食和抵御小型生物。仍可见消化肠道，腹肢可以在水中自由摆动。第 3 龄幼体经过 4~5 天开始蜕皮，整个蜕皮时间约为 2 分钟。

（4）第 4 龄幼体：全长约 11.5 毫米，体重约为 19 毫克。眼柄发育已基本成型。第一胸足变得粗大，看不到消化道。第 4 龄幼体已经可以捕食比它小的第 1 龄幼体、第 2 龄幼体，此时的幼体开始进入幼虾发育阶段。

第三章 小龙虾的育苗繁育

第一节 亲虾的选择

一、亲虾来源

（1）从养殖小龙虾的池塘或天然水域捕捞成虾，选择符合要求的成虾，对其进行专门培育。

（2）捕捉抱卵虾用于虾苗的繁育。成熟雌虾的特点为卵巢几乎覆盖了头胸甲的背面，前端快接近或抵达额角的基部，颜色也已从绿色变为棕褐色。将成熟的雌、雄亲虾暂养，培育一段时间，直到它们交配产卵为止。

（3）直接在繁殖季节收集抱卵的雌虾，以卵呈深绿色或橘黄色为佳，不宜选择卵呈灰褐色且出现眼点的抱卵虾。此外，这种方法有一定的地域局限性，只能在靠近湖泊等大水体、虾源丰富的地方采集，且运输时要保证氧气的充足。

二、亲虾选择的标准

（1）小龙虾亲虾体质强壮，体色纯正，无病无伤，躯体光滑，肢体完整，游动迅速，活动积极，反应敏捷。用手抓时，小龙虾要会竖起身体，舞动双螯保护自己，放到地上时，则会迅速爬走。

（2）亲虾个体要大，性成熟阶段的小龙虾要比一般生长阶段的小龙虾大，无论雌雄，体重以 30~45 克为宜，最好雄性个体大于雌性个体。

（3）亲虾体色为红色或黑红色，虾壳较硬而厚，有光泽，体表光滑无附着物。

（4）亲虾性腺发育良好。用强光照射雌性亲虾腹部观察卵巢发育良好，清晰明显。

（5）需要了解亲虾的来源、离开水体的时间和运输方式等。药捕的小龙虾绝对不能用作亲虾，离水时间过长（高温季节离水时间不要超过 2 小时，一般情况下不要超过 4 小时，严格要求离水时间尽可能短）、运输方式粗糙（过分挤压、风吹）的市场虾同样也不能作为亲虾。

三、收集时间

每年 9~11 月是小龙虾的产卵高峰期，所以亲虾选购多在 7~9 月进行。但由于该时期温度较高，亲虾的成活率通常较低。此外，在翌年的 3~4 月也有养殖户开始收集小龙虾。收集时应注意避免长时间的离水以及已携带虾苗的亲虾，放养后以优质的动物饵料喂养小龙虾，提高成活率。

四、雌雄比例

要根据采取的繁殖方式而定，一般来讲，全人工繁殖模式的雌雄比例为 2：1，半人工繁殖的雌雄比例为 5：3 或 3：1，自然繁殖模式的雌雄比例为 3：1。当遇到雌虾来源难以确定且规格偏小的情况时，应检查雌虾的纳精囊，根据雌虾的交配率，来确定雄虾的放养比例。若条件允许，异地分开选购雌、雄虾最合适。

五、亲虾的运输

要选择适当的方式运输亲虾，在运输时要保持潮湿的环境，避免阳光直射，还要尽量缩短运输时间，操作要轻快，减少不必要的损伤。已发育至心跳期的胚胎离水 20 分钟以上就会窒息而亡，因此运输抱卵虾时不可离水。若气温超 26℃，离水运输抱卵虾，容易使受精卵的孵化率大幅度降低，因此要注意亲虾的运输。

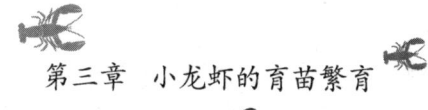

第二节 亲虾的培育与繁殖

一、培育场地的选择

为了保证亲虾的性腺发育良好，促进繁殖行为的顺利进行，需要对它们进行集中培育。不同的养殖模式所采用的养殖条件略有不同。如稻田养殖，可选择一些低洼稻田，每块培育地的面积以 1.5~2 亩为宜，要求能保持水深在 1.2 米左右，田埂宽在 1.5 米以上，有硬的沙质底，田底略平整更好，田埂的坡度为 1:3 或以上，有充足良好的水源，排灌方便，建好注水口和排水口，注水口、排水口均加栅栏和过滤网或安装纱布过滤，防止敌害生物入田，同时防止青蛙入田产卵，避免蝌蚪捕食虾苗。四周田埂用塑料薄膜或钙塑板搭建以防亲虾攀附逃逸，田中间要尽可能多一些小的田间埂，种植占总虾沟水面的 1/4~1/3 的水葫芦、水浮莲、水花生、眼子菜、轮叶黑藻、苲草等水草。水底最好有隐蔽性的洞穴，田内底部设置较多数量的人工巢穴，密布整个田底。如可放置扎好的草堆、树枝、竹筒、杨树根、棕榈皮、轮胎、瓦脊、切成小段的塑料管或用编织袋扎成束等作为亲虾的隐蔽物和虾苗蜕壳附着物，并用增气机向池中间隙增氧。

二、水质要求

对培育亲虾的稻田水质也有一定的要求，总的要求是溶氧量在 5 毫克/升以上，pH 值在 6.5~8.0，水的硬度以 5 毫克/升以上为好，软水不利于小龙虾的生长和繁殖。

平时加强水质管理是非常重要的，要注意：①定期加注新水，及时提供新鲜的水源；②提供外源性微生物和矿物质，对改善水质大有裨益；③坚持每半月换新水 1 次，每次换水 1/4，每 10 天按照 15 克/平方米将生石灰兑水泼洒 1 次，以保持良好水质，促进亲虾性腺发育；④晚上开增氧机增氧，有条件的最好采取微流水的方式，一边从上部加进新鲜水，一边从底部排出老水，但一定要注意水的交换速度不能太快。

三、亲虾放养和配组

亲虾的放养工作适宜在每年的 8~9 月进行，此时小龙虾还未进入洞穴，容易捕捞放养，选择体质健壮、肉质肥满结实、规格一致的虾种和抱卵的亲虾放养。放养前一周，按照 75 千克/亩用生石灰对干塘进行消毒。消毒后经过滤（防野杂鱼入池）注水至深 1 米左右，施入腐熟畜禽粪 750 千克/亩以培肥水质。

若是采用直接在稻田中抱卵孵化并培育幼虾，然后直接养成大虾的方式，则每亩投放亲虾 25 千克，雌雄比例为（2∶3）∶1，放养前用 5% 的食盐水浸浴 5 分钟，以杀灭病原体。若是在稻田中大批量培育苗种，则每亩放亲虾 100 千克，雌雄比例为 2∶1。若设计亩产在 200 斤左右，则种虾放养量一般为 50~70 斤/亩（对于新塘），每只虾的规格在 25 克以上，放养时间一般在 8~10 月份。10 月上旬开始降低水位，露出堤埂和高坡，确保它们离水面约 30 厘米，虾沟内的水深也要保持在 40~60 厘米，让亲虾掘穴繁殖。待虾洞基本上掘好后，再将水位提升至 80 厘米左右。

四、性腺发育的检查

为了随时掌握亲虾的抱卵及发育情况，为来年的生产打下坚实的基础，对小龙虾的性腺发育要做随机检查。每尾雌虾的产卵时间不完全相同，所以在养殖亲虾的过程中，要定期检查暂养池的亲虾，把抱卵虾挑出来。每 7 天检查一次较为适宜。由于小龙虾的抱卵孵化基本上是在洞穴中进行的，因此可以通过人工挖开洞穴，提取样本，进行检查。

五、培育管理

为了保证幼虾在蜕皮时不受惊扰，也是为了防止软壳虾被侵袭，在人工繁殖期间最好不要放其他鱼类。投喂管理比较简单，可投喂切碎的螺蛳肉、水丝蚓、蚯蚓、碎鱼肉、小鱼、小虾、畜禽屠宰下

脚料、新鲜水草、豆饼、麦麸或配合饲料如对虾料等。由于亲虾的繁殖量是难以控制的，因此日投喂量主要是随着水温变化，每天早、晚各投喂1次，以傍晚为主，投喂量基本上为池中虾体总重量的3%~4%，分两次投喂，6：00~7：00投喂30%，18：00~19：00投喂70%。具体的投饵量可采取试差法，即第二天看前二天投喂的饵料是否余下，如果余下则要少投，如果没余下就要多投，捕捞后要少投。同时，必须加投一定量的植物性饲料，如水葫芦、水花生、眼子菜、轮叶黑藻、菹草、白菜等，扎成小捆沉于水底，没有吃完的在第2天捞出。此外，在饲料中添加一些含钙物质，以促进虾体蜕壳。注意在第2天要把没有吃完的食物捞出。

定期检查亲虾是培育管理中的另一个要点。天然孵出的虾苗成活率低，在缺少食物时，亲虾1天还可以吃掉20多只幼虾。此外，由于雌体产卵时间前后不一，必须定期检查暂养稻田内的亲体，挑出抱卵虾，未抱卵的放在原稻田中继续饲养。从实际操作结果看，以15天为1个周期较合适。

六、孵化与护幼

进入春季后，要坚持每天巡池，查看抱卵亲虾的发育与孵化情况，一旦发现有大量幼虾孵化出来后，可用地笼捕捉走已繁殖过的大虾，操作要特别小心，避免对抱卵的亲虾和刚孵出的仔虾造成影响。如果用专门的稻田孵化时，可依卵的颜色深浅把抱卵的亲体分别投放在不同的孵化稻田中，放养密度为5只/平方米。投料的量与方法和前文的基本相同。同时要加强管理，适当降低水位10~20厘米，以提高水温，同时做好幼虾投喂工作和捕捞大虾的工作。

刚孵化出来的幼虾自身的活动能力还比较弱，通常会附在亲虾母体腹部的游泳足上生活，直到完成生长发育的全过程。母体搅动水流带来的浮游生物可供它们摄食。幼虾也能离开母体进行轻微的、短距离游泳。通常，第一年初秋的小龙虾稚虾孵化出后，幼体的生长、发育和越冬过程都是附生于母体腹部，幼虾直到第二年春季才离开母体生活。

在捕捞时要注意，小龙虾具有强烈的护幼行为，一旦它认为不安全时，就会迅速让幼虾躲藏在它的腹部附肢下，因此待幼虾长到一定大小时，最好先取走亲虾，再捕捉幼虾。

七、小龙虾繁殖状况的调查

快速且准确的判断小龙虾的繁殖状况是生产养殖中重要的环节。在生产实践中，许多养殖户对小龙虾是否已经繁殖过并不了解，导致他们在选购亲本虾时会出现一些误区。例如在10月下旬购买一些亲本虾，这极有可能导致第二年养殖时无小龙虾苗供应，造成养殖严重亏损。造成这种情况发生的主要原因就是许多养殖户认为小龙虾非常好养，对它的基本习性并不了解，尤其是对小龙虾的繁殖习性没有完全掌握，如小龙虾的头胸甲内为什么会出现卵粒，什么时候会出现卵粒，小龙虾的卵粒经受精后大概多久才能顺利产出体外，一只个头不小的雌小龙虾究竟产没产过卵，小龙虾腹部的抱卵虾要多久才能孵化出小苗等。

首先，可以通过外部快速判断小龙虾的产卵情况。

（1）看雌虾腹部的干净程度，如果雌虾腹部干净，没有泥沙，没有杂质附着，应该是产过卵的雌虾，反之则没有产过卵。这是因为卵粒的附着和稚虾的活动会使雌虾腹部比较干净。

（2）看雌虾腹部的腹足情况，如果腹足比较杂乱，排列方向不一致、不整齐，腹足上的丝状体非常松散，这种情况应该就是已经产过卵的雌虾，反之则没有产过卵。这是因为卵粒和稚虾黏附在雌虾腹足的丝状体上，长时间的黏附大量卵粒会使丝状体和腹足的排列不规则。

（3）看雌虾的腹部，感受其饱满程度，如果雌虾腹部软瘪，应该是产过卵的，反之则没有产过卵。因为卵的发育成熟到产卵孵化都需要耗费雌虾大量的能量，导致雌虾的肌肉比较松瘪缩水，但是甲壳不会缩小，因此捏起来会很软瘪，也就是我们通常所说的没有肉、空皮壳。

当然，外表观察方法也会导致很多误判，例如小龙虾生活在干净的水环境中也会腹部干净；很多情况下雌虾恢复时间长，腹足也不会很杂乱；在冬季之后小龙虾长期不吃食也会腹部松瘪。解剖方法是最可靠的，但是会造成雌虾死亡。因此，综合来看，可通过以下 3 点来判断小龙虾的产卵情况。

（1）先分析自己所在的地区，南方繁殖早，北方繁殖晚，再看是几月，9~11 月是产卵高峰期，之后的时间可以大略判断为都产过卵。

（2）解剖几只雌虾进行观察，把握大体上的产卵情况。

（3）根据雌虾性腺发育的不同阶段进行判断。①雌虾性腺发育的第一阶段：一般在 7 月，卵粒颜色多为淡黄色，卵粒分粒明显，粒径较大，这阶段的性腺处于刚发育的前中期，现象明显，容易观察到。距离产卵还有 2~3 个月。②雌虾性腺发育的第二阶段：一般在 8 月，卵粒颜色多为金黄色或者橘黄色，卵粒分粒明显，粒径大，这阶段的性腺处于刚发育的中期，现象明显，容易观察到。距离产卵还有 1~2 个月。③雌虾性腺发育的第三阶段：一般在 9 月，卵粒颜色多为黑褐色，卵粒分粒非常明显，粒径大，夹杂着少量橘红色未发育的卵粒，这阶段的性腺处于刚发育的中后期，现象明显，很容易观察到。距离产卵还有 20~30 天。④雌虾性腺发育的第四阶段：一般在 10 月，卵粒颜色多为深黑色，卵粒分粒非常明显，粒径大，夹杂着少量橘红色未发育的卵粒，这阶段的性腺处于刚发育的后期，现象明显，非常容易观察到。距离产卵还有 0~20 天。⑤雌虾产卵：发育成熟的卵粒由生殖孔排出体外，黏附在腹部腹足上。

八、采苗

稚虾孵化后在母体保护下完成幼虾阶段的生长发育过程。稚虾一离开母体，就能主动摄食，独立生活。此时一定要适时培养轮虫等小型浮游动物供刚孵出的稚虾摄食，估计在出苗前 3~5 天，开始要从饲料专用池捕捞少量小型浮游动物投入虾苗池。并用熟蛋黄、豆浆等及时补充稚虾、幼虾所需的食料供应。当发现繁殖池中有大量稚虾出现时，应及时采苗，进行虾苗培育。此外，还可以在幼体脱离母体后把母体全部捞走，再对池中的幼体进行集中饲养。母体中若还有抱卵的亲虾，可在另外的池中饲养。

采捕小龙虾幼苗的方式有网捕和笼捕两种方法。网捕主要包括三角抄网抄捕，即把抄网放在草下面，用手抓住草轻轻地抖动，即可获取幼虾；此外还包括虾网诱捕，把猪骨头或者动物内脏放到专用的虾网上，10分钟后提起，即可捕获幼虾。此外，还有笼捕，用特制的密网制作成小地笼，在笼内放置动物骨头等，每隔4小时收一次笼，进行捕捞。

第三节　幼虾的培育

繁育池中亲虾的产卵和孵化等存在一定的差异，因而造成发育不同步，个体间规格也不同。因此，为了提高幼虾的成活率，必须对幼虾进行单独培育。通常在幼虾第3次蜕壳或第4次蜕壳结束后，体长约3厘米时再放入成虾养殖池中养殖，可有效提高成活率和养殖产量。

一、虾苗选购

虾苗的好坏直接影响虾产量的高低。

（1）虾苗要规格整齐。规格不整齐会出现大虾欺负小虾的现象，还会出现由于蜕壳不统一而引起的相互争食的现象。因此，要求投放的虾苗规格整齐，稚虾规格要求在0.8厘米以上，幼虾个体长3厘米左右，虾苗规格为60~100头/斤。

（2）虾苗体色鲜亮、正常。正常虾苗的体色呈青灰色。虾苗体壳变红或者身体漆黑的虾苗不要选。

（3）体质健壮，肢体完整、无残肢。一旦发现虾苗身体上有泥白色绒毛时要引起重视，这种虾苗多是感染了纤毛虫或水霉病，会影响虾苗的成活率。

（4）虾苗活力强、行动正常。好的虾苗要具备很强的活动能力，活动能力不强或在水中不断吐泡沫的虾苗，均是不太健康的虾苗。

（5）虾苗身体柔软或者刚蜕壳的虾苗不能选择。由于身体柔软的虾苗通常缺钙，可能是由营养不良导致，这种虾苗的成活率低，容易受同类中健康且个体较大的虾摄食。此外，刚蜕完壳的身体还未变硬的虾苗也不抗折腾，绝大多数也会被同类摄食或面临死亡。

（6）虾苗中死亡虾较多的不要。死亡的虾占虾苗总量的8%及以上的不能要，这种虾苗存在许多潜在问题，如运输时间过长、阳光暴晒时间过长或轻度中毒等。

二、培育池要求

小龙虾幼虾池应选择在靠近水源、水量充足、水质好、土质为黏性的地方，还需要有完善的进、排水系统，以面积为20~40平方米、水深0.6~0.8米为佳，建好防逃设施，水泥池和土池均可，但新建的水泥池要先进行去碱处理。虾池要建立必要的防逃设施，要在进、排水口安装严格的过滤防逃装置。

在仔虾放养的前10天，必须用石灰水进行全池泼洒消毒、清野、灭菌，每亩100千克左右即可，消毒后按500千克/亩施入发酵的有机肥，培育浮游生物供幼虾摄食。同时设置树根、竹筒等，提供幼虾栖息、蜕壳和隐蔽场所。此外，还应该移植或种植必要的水生植物及进行隐蔽物设置。

其中，①水草种植：要在培育池中均匀移植水生植物。水慈姑、野荸荠、三棱草和水稻秧苗等是最适宜小龙虾仔虾生长的水生植物。池内移植水生植物的密度以能看见池内水面为准。如果移植的是生长速度较快的水生植物，在移植时应适当稀疏一些。②隐蔽物设置：为虾苗提供栖息和隐蔽场所是非常重要的。对于小面积的虾苗培育池，可铺设瓦片、短竹筒等。对于大面积的虾池，则不宜投放供虾苗隐蔽栖身的物品，这样不利于虾苗的后期铺苗。

三、水质调控

小龙虾仔虾适宜生长活动的水体深度可自行调节，一般根据天气情况、气温高低和阳光强弱适当降低或提高水位。通常控制在

30~60 厘米，雨天要降低水位，高温天气阳光强烈时则要提高水位。

（1）水质：一般用河水或井水，水质要清新。在进水口用筛网过滤进水，防止昆虫、水生动物（如水蜈蚣）、小鱼虾及卵进入池中。在培育期间，视污物残饵及水质状况（如氨氮等三态氮偏高），要定期地吸污换水，以保持良好的水质。

（2）肥度控制：在虾苗培育过程中，池水不可过清也不可过浊，池水的透明度一般控制在 30~40 厘米。如果水质过浓，要加注适量新水；如果水质变清，要加施适量的腐熟有机肥。每 10~15 天追施腐熟的有机肥 1 次，一般每亩施 30~100 千克。

（3）水温：适宜温度范围为 27~29℃，且变化幅度不能超过 2℃，若水温低于 20℃，虾苗生长速度减慢，将严重影响成活率，因此在整个培育期间都要保持水温的相对稳定。

（4）溶解氧含量：幼虾离开母体后，要全日不间断地向培育池中充气，使水中的溶解氧充足，以 4 毫克/升及以上为宜。

（5）pH 值：培育用水的 pH 值应控制在 7~8.5，偏碱性，如发现水质偏酸，可用生石灰来调节 pH 值，用自来水进行小规模生产的繁殖场，可用小苏打来调节 pH 值。

（6）定期消毒：在培育期间，一般每隔 15~20 天要对小龙虾进行一次消毒，通常每亩用生石灰 5 千克。具体操作是先将生石灰放入水中，待生石灰化开后趁热将其均匀泼洒至全池。如果没有生石灰，可以使用二氧化氯消毒。使用二氯化氯产品时要按说明书的要求，用药量各不相同。

（7）使用微生态制剂：为了有效改善池塘水体环境，确保培育出优质健壮的虾苗，在育苗期间，要定期（一般 10~15 天）使用 EM 菌、芽孢杆菌等微生态制剂。需要注意的是，这些微生态制剂的用量要参照产品使用说明，不可自行决定。

（8）防药害：在小龙虾仔虾养殖池中，要注意严防各种药害。坚决不能使用溴氰菊酯、氰戊菊酯、氯氰菊酯等除虫菊和拟除虫菊类农药或渔药。在虾池周边换水时注意不要忘记对引水的水域的药害情况进行监察。为了证明水体中没有除虫菊等药物问题，可立刻

捞取少量健康虾苗，放入其水体中进行试验。如果虾苗在 12~24 小时之后没有出现中毒现象，则说明水质良好，可以引水。

四、培育技术

1. 幼虾的放养

由于幼虾虾体比较稚嫩、娇弱，运输放养过程中动作一定要轻、要快，并保持虾体潮湿，为避免强阳光直射，通常选择晴天的早晨或阴雨天进行虾苗放养。

小龙虾幼虾放养量一般为 150~230 尾/平方米，如果是水泥池或具有流水条件的也可适当增加投放量。注意同池中虾苗规格应保持一致，以防止它们互相残杀，放养时还要注意多点放养、分散放养，不能堆积放养。在每个放养点要做好标志，这样可以为今后的喂养管理及捕捞提供方便。放养时要计数，准确的计数是科学管理的重要依据。

2. 幼虾的投喂

对于刚离开母体的小龙虾仔虾，放养后第 1 周可投喂豆浆，每天投喂 3~4 次；第 2 周起以投喂小鱼虾、螺蚌肉、蚯蚓、蚕蛹等动物性饲料为主，适当搭配玉米、小麦等制成糊状饲料，早、晚各投 1 次，早晨的时间为 8：00~9：00，傍晚的时间为 17：00~19：00。早上投喂日饵量的 40%，每万尾幼虾早期日投饵量为 0.25~0.40 千克，以后按虾重的 10% 左右投饵。仔虾的具体投喂量还受水的肥度和天气影响，养殖者应当灵活掌握。一般水肥时少喂，水瘦时多喂；天气好时适当投喂，天气差时少喂或暂时停喂。

培养期间，每 10 天换水 1 次，每次换 1/3；每 20 天泼洒 1 次石灰水，其浓度为 20 克/立方米左右，以调节水质。经 25~30 天培育后，幼虾体长可达 3 厘米，即可转入成虾养殖池中。

3. 防敌害

小龙虾有很多常见的敌害，如水蛇、鼠、青蛙、蟾蜍、鸭、鹅、各种鸟类和鲤等。因此，在小龙虾培育过程中，一定要重视防敌害。不仅白天要做好虾苗培育池的检查工作，晚上还要经常灯照巡查。

有些虾苗敌害如青蛙、水蛇、鼠等白天习惯隐藏，晚上出来活动，有可能会捕食幼虾。

4. 巡塘

在虾苗培育过程中，要时时关注虾苗活动，坚持每天巡塘。巡塘时检查水质和溶氧等情况，严防水质过肥、水质恶化和缺氧浮头等现象发生。一般在水温偏高的凌晨容易引起缺氧，这时要及时增氧，在下半夜就得开启增氧设备。在无风、闷热或雷阵雨天气时，也要加开增氧设备。

第四节　虾种的放养

一、放养准备

在放养小龙虾前 10~15 天，要先清理一次环形虾沟和田间沟，主要是除去表层浮土，修正垮塌的沟壁等，同时每亩稻田的环形虾沟和田间沟用生石灰 20~50 千克或选用其他药物如鱼藤酮、茶柏、漂白粉等进行彻底清沟消毒，从而杀灭野杂鱼类（黄鳝、泥鳅、鲶鱼等）、敌害生物（蛙卵、蛇、鼠等）及寄生虫等致病源。在放养前 7~10 天，确保稻田中的水位在 15~20 厘米，在沟中每亩施放禽畜粪肥 300~500 千克，以培肥水质，保证有充足的活饵供小龙虾取食。同时每亩水体要投放螺蛳 150 千克，既可清洁水质、又为小龙虾提供了鲜活的天然饵料。

二、放养模式

小龙虾的池塘养殖模式有池塘单养和池塘混养或套养两类，根据实践情况，我们建议采取池塘混养或套养。最好是采用秋季放养的模式，其次是采用春季放养或夏季放养模式。

1. 春季放养模式

以放养当年不符合上市规格的虾为主，每年的 3~4 月左右开始放养。规格为每千克 100~200 只，每亩放养 1.5 万尾。投放幼虾后

 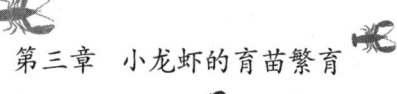

还要适时追施发酵过的有机粪肥,培养天然饵料生物。初期水深保持在30~60厘米,后期因气温较高,应加高水位,通过调节水深来控制水温。经过快速养殖,到5月下旬即可陆续捕捉上市,商品虾体重可达30克/只。

2. 夏季放养模式

以放养当年的第一批稚虾为主,放养时间在6月中旬,稚虾规格为0.8~1厘米。每亩2万尾,要投足饵料,当年7月下旬至8月上旬即可上市,商品虾的体重可达20克/只。

3. 秋季放养模式

以放养当年培育的大规格虾苗或亲虾为主,放养时间为8月上旬至9月中旬。若虾苗规格为1.2厘米左右,则每亩放养3万尾左右;若亲虾规格为1.2厘米左右,则每亩放养3万尾左右;若亲虾规格为8厘米左右,则每亩放养20~25千克,雌雄比例为3:1或5:2。第2年3月可用地笼等网具及时将繁殖过的亲虾起捕上市,获得好价格。第2年4月即可陆续起捕上市,商品虾的体重为35~50克/只。

三、虾种质量要求

(1)体表光洁亮丽、肢体完整健全、无伤无病、体质健壮、生命力强。

(2)规格整齐,稚虾规格在1厘米以上,虾种规格在3厘米左右,同一池塘放养的虾苗虾种规格要一致,一次放足。

(3)虾苗虾种都是人工培育的。如果是野生虾种,应经过一段时间驯养后再放养,以免相互争斗残杀。

(4)放养密度:具体的放养虾种密度还要取决于池子的环境条件、饵料来源和规格、水源条件、饲料管理技术等。最好根据当地实际,因地制宜,灵活机动地投放虾种。通常,如果是自己培育的幼虾,则要求放养规格在2~3厘米,每亩放养14000~15000尾。

幼虾放养量(尾)=虾池面积(亩)×计划亩产量(千克/亩)×
预计出池规格(尾/千克)÷预计成活率(%)

其中:计划亩产量是根据往年已达到的亩产量,结合当年养殖条件和采取的措施，预计可达到的亩产量，一般为 200 千克；预计成活率一般可取 40%~80%；根据市场要求，预计出池规格一般为 30~40 尾/千克；计算出来的数据可取整数放养。

四、操作流程

放养虾苗时，一般选择晴天早晨和傍晚或阴雨天进行，这时天气凉快，水温稳定，有利于放养的小龙虾适应新的环境。在放养前进行过水处理，方法是将苗种在池水内浸泡 1 分钟，取出静置 2~3 分钟，再浸泡 1 分钟，如此反复 2~3 次，让苗种体表和鳃腔充分吸收水分后再放养，以提高成活率。放养时，沿养殖池四周多点投放，使小龙虾苗种在池内均匀分布，避免因过分集中引起缺氧窒息死亡。小龙虾在放养时，要注意幼虾质量，同一片池塘放养的规格要保证大体一致。放养前使用 3%~5% 的食盐水浸泡 10 分钟，消灭寄生虫和致病菌。

第四章 小龙虾的养殖模式

第一节 池塘养殖模式

小龙虾的池塘养殖是目前比较成功且效益较稳定的一种养殖模式，在池塘中的养殖也可以分为专养、套养、混养、轮养等多种类型。不同的类型所要求的池塘条件略有不同，掌握技术难易程度也不一样，产生的经济效益差别很大。而采取与鱼类混养或套养的模式，特别是小龙虾与优质名贵鱼类混养效果相当明显。

一、池塘条件

1. 虾池的选择

池塘的水质条件良好是小龙虾养殖高产高效的保证，养殖小龙虾的池塘要求水源充足，水质良好，符合养殖用水标准，池底平坦，底质以砂石或硬质土为好，无渗漏，池坡土质较硬，底部淤泥层不超过 10 厘米，池塘保水性好，严防工业污染和农药污染。池埂顶宽在 2.5 米以上，池壁坡度为 1∶3，池塘水面不宜过大，以 5~8 亩为宜，长方形，水深 1~1.5 米。池底应有不少于面积 1/5 的沉水植物或挺水植物区。

2. 进、排水系统

饲养小龙虾的池塘要求进、排水方便，大面积连片虾池的进、排水总渠应分开，按照高灌低排的格局，建好进、排水渠，做到灌得进、排得出，定期对进、排水总渠进行整修消毒。池塘的进、排水口应用双层密网防逃，同时也能有效地防止蛙卵、野杂鱼卵及幼体进入池塘危害蜕壳虾；为了防止夏天雨季时堤埂被冲毁，可以开设一个溢水口，溢水口也用双层密网过滤，防止幼虾乘机顶水逃走。

3. 虾池改造

对于面积在 8 亩以下的平底型龙虾池，应改为环沟型或井字型，池塘中间要多做几条塘中埂。对于面积在 8 亩以上的平底型龙虾池，应改为交错沟型。加大池埂坡比，池埂坡比以 1：（2.5~3）为宜。这些池塘改造工作应和年底清塘清淤一起进行。

4. 防逃设施

小龙虾逃逸能力比较强，做好防逃设施是必不可少的一项工作，尤其是虾种刚入池的第一个晚上和雨天，如果没有防逃设施，一天内逃走的小龙虾有 80% 左右。

防逃设施有多种，常用的有两种：一是安插高 45 厘米的硬质钙塑板作为防逃板，埋入田埂泥土中约 15 米，每隔 100 厘米用一木桩固定。注意四角应做成弧形，防止小龙虾沿夹角攀爬外逃；第二种防逃设施是采用麻布网片或尼龙网片或有机纱窗和硬质塑料薄膜共同逃，用高 50 厘米的有机纱窗围在池埂四周，用质量好、直径为 4~5 毫米的聚乙烯绳作为上纲，缝在网布的上缘，缝时纲绳必须拉紧，针线从纲绳中穿过。然后选取长度为 1.5~1.8 米的木桩或毛竹，削掉毛刺，打入泥土中的一端削成锥形，或锯成斜口，沿池埂将桩打入土中 50~60 厘米，桩间距为 3 米左右，并使桩与桩之间呈直线排列，池塘拐角处呈圆弧形。将网的上纲固定在木桩上，使网高不低于 40 厘米，然后在网上部距顶端 10 厘米处再缝上一条宽 25 厘米的硬质塑料薄膜即可，针距以小虾逃不出为准，针线拉紧。

二、养殖池塘的处理

决定池塘养殖龙虾产量的最主要因子并不是池塘水体的容积，而是池塘的水平面积和池塘堤岸的曲折率。简单地说就是在相同容积的池塘中，水体中水平面积越大，堤岸的边长越大，可供龙虾打洞或栖息的场所越多，则可放养虾的数量越多，产量也就越高。因此，有条件的地方可在放虾前对池塘做简易的处理，可大大提高池塘的载虾量，获得更高的经济效益。根据相关资料表明，有一些地

  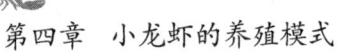

方是采取如下措施来提高水体的水平面积，在靠近池塘四周 1~2 米处用网片或竹席平行搭设 2~3 层平台，第一层设在水面下 20 厘米处，长 200~300 厘米、宽 30~50 厘米，第二层设在第一层的下方，两层之间的距离为 20~30 厘米，每层平台均有斜坡通向池底，平行的两个平台之间要留 100~200 厘米的间隙，供龙虾到浅水区活动。同时在池塘中间设置一定数量的垂直网片。我们认为这种方法是可行的，也是非常有效的。

还有一种方法就是在池塘中多筑几条塘间埂，埂与埂间的位置交错开，埂宽 30 厘米，只要略微露出水面即可。池塘中要有足够的隐蔽物，可以设置竹筒、瓦片、网片、砖块、石块、竹排、塑料筒、人工洞穴等隐蔽物体供龙虾栖息穴居，一般每亩要设置 3000 个以上的人工巢穴。在实践中采用这种方法的养殖户的龙虾产量都比较高。

三、池塘清整、消毒

新开挖的池塘要平整塘底，清整塘埂，使池底和池壁有良好的保水性能，尽可能减少池水的渗漏，旧塘要及时清除淤泥、晒塘和消毒，可有效杀灭池中的敌害生物如鲶鱼、泥鳅、乌鳢、蛇、鼠等争食的野杂鱼类及一些致病菌。

生石灰干法清塘：在虾苗、种虾放养前 20~30 天，排干池水，保留淤泥厚 5 厘米左右，每亩用生石灰 75 千克，溶于水后乘热全池泼洒，最好用耙再耙一下效果更好，然后晒塘 3~5 天后，灌入新水。

生石灰带水清塘：每亩水深 1 米时，将 150 千克生石灰溶于水后，全池均匀泼洒。带水法清塘虽然工作量大，但它的效果很好，可以把石灰水直接灌进池埂边的鼠洞、蛇洞里，能彻底地杀死病害。

漂白粉清塘：使用前先对漂白粉的有效含量进行测定，在有效范围内（含有效氯 30%），将漂白粉完全溶化后，全池均匀泼洒，用量为每亩 25 千克，漂白精用量减半。

生石灰和茶碱混合清塘：此法适合池塘进水后用，把生石灰和茶碱放进水中溶解后，全池泼洒，生石灰每亩用量为 50 千克，茶碱为 10~15 千克。

另外，用茶饼清塘的效果也很好。

四、种植水草

"虾多少，看水草"，在水草多的池塘中养殖龙虾的成活率就非常高。水草是龙虾隐蔽、栖息、蜕皮生长的理想场所，水草也能净化水质，降低水体的肥度，对提高水体透明度，促使水环境清洁有重要作用。同时，在养殖过程中，有可能发生投喂饲料不足的情况，水草也可作为龙虾的饲料。在实际养殖中，我们发现种植水草能有效提高龙虾的成活率、养殖产量，产出优质商品虾。

龙虾喜欢的水草种类有苦草、眼子菜、轮叶黑藻、金鱼藻、凤眼莲、水浮莲和水花生等以及陆生的草类，水草的种植根据不同情况而有一定差异，一是沿池四周浅水处面积的 10%~20% 种植水草，即可供龙虾摄食，同时为虾提供了隐蔽、栖息的理想场所，也是龙虾蜕壳的良好地方；二是在池塘中央可提前栽培伊乐藻或菹草；三是移植水花生或凤眼莲到水中央；四是临时放草把，方法是把水草扎成团，大小为 1 平方米左右，用绳子和石块固定在水底或浮在水面，每亩可放 25 处左右，每处 8 千克水草，用绳子系住，绳子另一端漂浮于水面或固定于水底。也可用草框把水花生、空心菜、水浮莲等固定在水中央。但所有的水草的总面积要控制好，一般在池塘种植水草的面积以不超过池塘总面积的 1/3 为宜，否则会因水草种植面积过多，长得过度茂盛，在夜间使池水缺氧而影响龙虾的正常生长。

五、进水和施肥

水源要求水质清新，溶氧充足，放苗前 7~15 天，加注新水 50 厘米高。向池中注入新水时，要用 40~80 目纱布过滤，防止野杂鱼及鱼卵随水流进入饲养池中。池中进水的深度达 50 厘米后，施用发酵好的有机粪肥、草肥，如发酵过的鸡、猪粪及青草绿肥等有机肥，施用量为每亩 350 千克左右，另加尿素 0.5 千克，使池水 pH 值在

  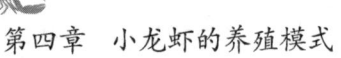

7.5~8.5，透明度为 30~40 厘米，培育轮虫、枝角类和桡足类等浮游生物，为幼虾入池后直接提供天然饵料。对于一些养殖老塘，由于塘底淤泥较肥，每亩可施用磷酸钙 2~2.5 千克，兑水后全池泼洒。

六、投放螺蛳

螺蛳是龙虾很重要的动物性饵料，在放养前必须放好螺蛳，每亩放养 200~300kg，以后可根据需要逐步添加。投放螺蛳一方面可以净化底质，另一方面可以补充动物性饵料，还有一点就是螺蛳肉被吃完后留下的壳可以为水体提供一定量的钙质，能促进龙虾的蜕壳，所以池塘中投放螺蛳是至关重要，千万不能忽视。

投放螺蛳时要注意以下 3 点：一是投放时间，以每年的清明节前为好，投放时间太早，没有足够的螺蛳供应，投放时间太迟，运输成活率低；二是在池塘投放时，最好用小船或木海将螺蛳均匀撒在池塘各个角落，一定要注意不能图省事，将一袋螺蛳全部堆放在池塘的一个角落或一个点，这样大量沉在底部的螺蛳会因缺氧而死亡，反而对池塘的水质造成污染；三是螺蛳入池后的 10 天内不要施化肥来培肥水质。

七、虾种放养

石灰水消毒后，等待 7~10 天水质正常后即可放苗，具体的放养时间根据不同的养殖模式而有一定的区别。

放养虾种的质量要求与放养密度前文已有讲述。

八、放养模式

放养模式前文已有讲述，这里不再赘述。

九、合理投饵

龙虾食性杂，且比较贪食，喜食小杂鱼、螺蛳、黄豆，也食配合饲料、豆饼、花生饼、剁碎的空心菜及低值贝类等，这些饲料来源广、价格低、易解决。因此我们除"种草、投螺"外，还需要投喂饲料，饲料投喂应把握好以下 5 点。

1. 饵料种类

一是植物性饵料，有藻类、芜萍、紫萍、菜叶、水浮莲、水花生、水葫芦、伊乐藻、菹草、米糠、麦麸、黄豆、豆饼、小麦、玉米及嫩的青绿饲料，如南瓜、山芋、瓜皮等，需煮熟后投喂；二是动物性饵料，有水蚤、剑水蚤、轮虫、原虫、水蚯蚓、孑孓、小杂鱼、动物内脏、蝇蛆、轧碎的螺蛳、河蚌肉、血块、血粉、鱼粉、蛋黄和蚕蛹等；三是配合饲料。在饲料中必须添加蜕壳素、多种维生素、免疫多糖等，满足龙虾的蜕壳需要，要求营养成分齐全，主要成分应包括蛋白质、糖类、脂肪、无机盐和维生素等五大类。

龙虾全价配合饲料的配方是根据龙虾的营养需求而设计的，下面列出 2 种配方仅供参考。

苗种饲料：①鱼粉 70%、豆粕 6%、酵母 3%、α-淀粉 17%、矿物质 1%、其他添加剂 3%。②鱼粉 70%、蚕蛹粉 5%、血粉 1%、啤酒酵母 2%、α-淀粉 20%、复合维生素 1%、矿物质 1%。③麦麸 30%、豆饼 20%、鱼粉 50%、维生素和矿物质适量。

成虾饲料：①鱼粉 60%、α-淀粉 22%、大豆蛋白 6%、啤酒酵母 3%、引诱剂 3.1%、维生素添加剂 2%、矿物质添加剂 3%、食盐 0.9%。②鱼粉 65%、α-淀粉 22%、大豆蛋白 4.4%、啤酒酵母 3%、活性小麦筋粉 2%、氯化胆碱（含量为 50%）0.3%、维生素添加剂 1%、矿物质添加剂 2.3%。

2. 投喂量

虾苗刚下塘时，每亩日投饵量为 0.5kg。暂养的小虾要日投 3~4 次，投饲量为存池虾体重的 15% 左右。池塘养殖的虾要早、晚各投 1 次，投饲量约占体重的 4%~7%，随着龙虾的生长，要不断增加投喂量，具体的投喂量除了与天气、水温、水质等有关外，还要自己在生产实践中把握，这里介绍一种叫试差法的投喂方法。由于龙虾的捕捞是捕大留小的，虾农不可能准确掌握虾的存塘量，因此按生长量来计算投喂量是不准确的，我们在生产上建议虾农采用试差法来掌握投喂量。在第二天喂食前先查一下前一天所喂的饵料情况，如果没有剩下，说明基本上够吃了，如果剩下不少，说明投喂得过多了，一定要将饵量减下来，如果看到饵料没有剩下且饵料投喂点旁边有龙虾爬动的痕迹，说明上次投饵少了一点，需要加一点，如此三天就可以确定投饵量了。在没捕捞的情况下，隔三天增加10%的投饵量，如果捕捞了商品规格的虾，则要适当减少10%~20%的投饵量。

3. 投喂方法

一般每天两次，分上午、傍晚投放，投喂以傍晚为主，投喂量要占到全天投喂量的60%~70%，饲料投喂要采取"四定""四看"的方法。投喂时饵料品种应经常变换，以诱龙虾摄食。

由于龙虾喜欢在浅水处觅食，因此在投喂时，应在岸边和浅水处多点均匀投喂，也可在池四周增设饵料台，以便观察虾摄食的情况。

4. "四看"投饵

(1) 看季节：动物性、植物性饵料之比在5月中旬前为60：40，在5~8月中旬为45：55，在8月下旬至10月中旬为65：35。

(2) 看实际情况：连续阴雨天气或水质过浓，可以少投喂，天气晴好时适当多投喂；大批虾蜕壳时少投喂，蜕壳后多投喂；虾发病季节少投喂，生长正常时多投喂。既要让虾吃饱、吃好，又要减少浪费，提高饲料利用率。

(3) 看水色：透明度大于50厘米时可多投，少于20厘米时应少投，并及时换水。

(4) 看摄食活动：发现过夜剩余饵料应减少投饵量。

5. "四定"投饵

(1) 定时：每天两次，最好定到准确时间，调整时间宜半月甚至更长时间才能进行。

(2) 定位：沿池边浅水区定点"一"字形摊放，每间隔20厘米设一投饵点。

(3) 定质：青、粗、精结合，确保饵料新鲜适口，建议投配合饵料、全价颗粒饵料，严禁投腐败变质饵料，其中动物性饵料占

40%，粗料占 25%，青料占 35%。动物下脚料最好是煮熟后投喂，在池中水草不足的情况下，一定要添加陆生草类的投喂，夏季要捞掉吃不完的草，以免腐烂影响水质。

（4）定量：日投饵量的确定按前文叙述。

十、水质管理

1. 冲水、换水

虽然龙虾对水质要求不高，无须经常换水，但试验发现，要取得高产，同时保证商品虾的质量优良，必须经常冲水和换水。流水可刺激龙虾蜕壳，加快生长；换水可减少水中悬浮物，使水质清洁，有丰富的溶解氧。在这种条件下生长的龙虾个体饱满，背甲光泽度强，腹部无污物，因而价格较高。所以冲水和换水是养殖龙虾取得高产的必备条件。

2. 水质调控

强化水质管理，要求保持"肥、爽、活、嫩"。前期以肥水为主，透明度为 25 厘米，中后期通过加水和换水，每间隔 15 天一次，每次换水 1/3，透明度为 30~40 厘米。高温季节时，有条件的养殖厂都要适当换水，换水时间掌握在下午 1~3 点或下半夜这两个时间段内比较适宜。一是可以使池水保持恒定的温度，二是可以增加水中溶氧。气压低时最好开动增氧机增氧，有条件的地方应提供微流水养殖。5 月中旬至 9 月中旬可使用微生物制剂，根据水质具体情况，适时投放定量的光合细菌浓缩菌液，每月一次，以调节水质，在晴天中午开动增氧机 1~2 小时，增加池中溶氧，消除水体中的氨氮等有害物。定期使用生石灰，中后期每 15~20 天施用一次，每亩水池（水深为 1 米）的生石灰用量为 5~7.5 千克，保持虾池溶氧量在 5 克/升以上，池水 pH 值在 7.5~8.5。保持水位稳定，不能忽高忽低。

3. 底质调控

适量投饵，减少剩余残饵沉底；定期使用底质改良剂（如投放过氧化钙、沸石、光合细菌、活菌制剂）；晴天时，可采用机械设备

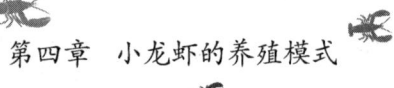

搅动池内底质,每两周一次,促进池泥中有机物氧化分解。

十一、日常管理

建立巡池检查制度:勤做巡池工作,发现异常及时采取对策,早晨主要检查有无残饵,以便调整当天的投饵量,中午测定水温、pH 值、氨氮、亚硝酸氮等有害物,观察池水变化,傍晚或夜间主要是观察了解龙虾活动及吃食情况,发现池四角及水葫芦等水草上有很多虾往上爬等异常现象,多数是因缺氧引起,要及时充氧或换水。经常检查维修加固防逃设施,台风暴雨时应特别注意做好防逃工作。

加强蜕壳虾管理:通过投饲、换水等措施,促进龙虾群体集中蜕壳。蜕壳后及时添加优质饲料,严防因饲料不足而引发龙虾之间的相互残杀。

补施追肥:饲养期间,要根据池水透明度适时补施追肥,一般每半月补施一次追肥,追肥以发酵过的有机粪肥为主,每亩施肥量为 15~20 千克。

加强栖息、蜕壳场所管理:虾池中始终保持有较多水生植物,大批虾蜕壳时严禁干扰。

水草的管理:根据水草的长势,及时在浮植区内泼洒速效肥料。肥液浓度不宜过大,以免造成肥害。水花生高达 25~30 厘米时,就要及时收割,收割时须留茬 5 厘米左右。其他的水生植物亦要保持合适的面积与密度。

其他:汛期加强检查,防止池埂被水冲毁而发生逃虾事件;水草中若有龙虾残体现,说明有水老鼠、青蛙、蛇等敌害存在,应采取防敌害措施;要防止农药对龙虾的毒害,若利用农田的水灌池时,在农田施药期间应严禁田水流入养虾池中;严防逃虾、防偷、防池水被外来物质污染和缺氧、防漏水以及记载饲养管理日志等工作,亦须认真做好。

十二、防治敌害和病害

对病害防治,在整个养殖过程中,始终坚持预防为主、治疗为辅的原则。预防方法主要有干塘清淤和消毒；种植水草和移植螺蚬；苗种检疫和消毒；调控水质和改善底质。敌害主要有老鼠、青蛙、蟾蜍、水蜈蚣、蛇及水鸟等，平时及时做好灭鼠工作，春夏季需经常清除池内蛙卵、蝌蚪等。此外还发现水鸟和麻雀都喜欢啄食刚蜕壳后的软壳虾，因此一定要注意及时驱除敌害。目前，龙虾的疾病发现得很少，主要是纤毛虫的寄生，但也不可掉以轻心。要抓好定期预防消毒工作，在放苗前，要对池塘进行严格的消毒处理，放养虾种时用5%的食盐水浴洗5分钟，严防病原体被带入池内，采用生态防治的方法，严格落实以防为主、防重于治的原则。每隔15天将生石灰溶水进行全池泼洒（10~15千克/亩），不但起到防病、治病的目的，还有利于龙虾的蜕壳。在夏季高温季节，每隔15天，在饵料中添加多维素、钙片等药物以增强龙虾的免疫力。

十三、捕捞

龙虾生长速度较快，经1~2个月的人工饲养成虾规格达30克及以上时，即可捕捞上市。为了获得更高的养殖效益，龙虾的捕捞期应根据市场情况和虾体规格而定。在生产上，龙虾从3月中下旬就可以用虾篓或地笼捕大留小了，规格大的上市，小的放回水体继续养殖，捕捞时间以夜间昏暗时为好，对达到规格的虾要及时捕捞，可以降低存塘虾的密度，有利于加速生长。9月上旬，龙虾就到了食用淡季，此时龙虾壳硬肉少，不受市民欢迎，市场上的数量供应也会大大减少，尽管价格很低，也不好卖，所以此时就要逐渐停止捕捞。当水温为12~13℃时可将虾全部捕获。小规格虾进入越冬池，控制温度为10~15℃，留等第二年再养殖。亲虾进入产卵池培育。

由于龙虾喜欢生长在杂草丛中，加上池底不可能非常平坦，龙虾又具有打洞的习性，因此，根据其生物学特性，可采用以下几种捕捞方法。

1. 地笼张捕

最有效的捕捞方式是用地笼张捕，地笼网是最常用的捕捞工具。每只地笼长10~20米，分成10~20个方形的格子，每只格子间隔的

地方两面带倒刺，笼子上方织有遮挡网，地笼的两头分别圈为圆形，地笼网以有结网为好。捕捞前一天的下午或傍晚把地笼放入池边浅水中或者是水草茂盛处，里面放进腥味较浓的鱼块、鸡肠等作诱饵效果更好，网衣尾部露出水面，傍晚时分，龙虾出来寻食时，闻到腥味，寻味而至，碰到笼子后，笼子上方有网阻挡，爬不上去遂四处寻找入口，进而钻进笼子。进了笼子的龙虾滑向笼子深处，成为笼中之虾。第二天早晨就可以从笼中倒出龙虾，然后对龙虾进行分级处理，大的按级别出售，小的继续饲养，这样一直可以持续上市到 10 月底，如果每次的捕捞量非常少时，可停止捕捞。这种捕捞法适宜野生龙虾的捕捞和较大池塘的捕捞。

2. 手抄网捕捞

把虾网上方扎成四方形，下面留有倒锥状的漏斗，沿虾塘边沿地带或水草丛生处，不断地用杆子把虾赶进四方形抄网中，提起网，龙虾就留在了网中，这种捕捞法适宜用在水浅而且龙虾密集的地方，特别是在水草比较茂盛的地方，效果非常好。

3. 干池捕捉

抽干水塘的水，龙虾便集中在塘底，用人工手拣的方式捕捉龙虾。要注意的是，抽水之前最好先将池边的水草清理干净，避免龙虾躲藏在草丛中；此外，抽水的速度最好快一点，以免龙虾钻进洞里。

4. 其他方法

其他捕捞方法有用虾笼、手拉网等工具捕捞，也可放水刺激捕捉。

生产中一般先用地笼捕捞，等天气转冷（一般在 10 月份以后），龙虾的运动量减少的时候再干塘捕捞。

第二节　稻虾混养模式

渔稻混养是我国水产养殖产业的重大创新，拥有悠久的历史，其中浙江青田县的稻鱼共生系统在 2005 年被联合国粮农组织评为世界农业文化遗产。所谓渔稻共生混养，就是充分利用立体空间，在水稻田中养殖水生动物。稻谷在水面上生长，各类生物在水下生长，两者互不干扰。一方面水生动物为水稻除草、除虫、翻松泥土，粪便还可成为肥料；另一方面水稻为水生动物提供了良好的食物来源和庇护场所，形成了"稻渔共生"的生态循环系统。

稻田养殖小龙虾的稻虾混养模式是我国目前小龙虾养殖的另一种主要模式，该模式是指将稻田这种潜在水域加以改造，用来养殖小龙虾。由此进行的稻田养殖小龙虾不仅具有投资省、见效快的优点，而且还有节肥、增产、省工的好处。

一、稻田养殖小龙虾的现状

美国路易斯安那州养殖小龙虾的主要模式是，首先在田里种植水稻，等水稻成熟收割后放水淹没水稻，然后往稻田里投放小龙虾苗，小龙虾以被淹的水稻秸秆为生长的养料。

由于小龙虾对水质和饲养场地的条件要求不高，稻虾共生可以利用稻田的浅水环境，辅以人为措施，达到既种稻又养虾的目的，从而提高稻田单位面积的生产效益。加之我国许多地区都有稻田养鱼的传统，在养鱼效益下降的情况下，推广稻田养殖小龙虾可为稻田除草、除害虫、少施化肥、少喷农药。有些地区还可在稻田中采取中稻和小龙虾轮作的模式，特别是那些只能种植一季的低洼田、冷浸田，中稻和小龙虾轮作模式的经济效益很可观。在不影响中稻产量的情况下，每亩可出产小龙虾 100～130 千克，但水稻品种最好是选择抗倒伏的品种。

二、稻田养殖小龙虾的原理

稻虾共生原理的内涵就是以废补缺、互利助生、化害为利，在稻田养虾实践中，这一内涵被人们称为"稻田养虾，虾养稻"。稻田是一个人为控制的生态系统，稻田中养虾，促进了稻田生态系统中能量和物质的良性循环，使其生态系统又有了新的变化。稻田中的杂草、虫、稻脚叶、底栖生物和浮游生物对水稻来说不但是废物，

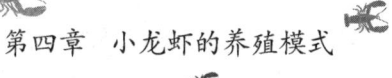

还会和水稻争夺营养，如果在稻田里放养龙虾这一类杂食性的虾类，不仅可以利用这些生物作为饵料，促进虾的生长，消除了竞争对象，而且虾的粪便还为水稻提供了优质肥料。另外，小龙虾在田间栖息，游动觅食，疏松了土壤，破碎了土表着生藻类和氮化层的封固，有效地改善了土壤通气条件，又加速肥料的分解，促进了稻谷的生长，从而达到虾稻双丰收的目的。同时，小龙虾在水稻田中还有除草保肥作用和灭虫增肥作用。总之，稻田养虾是综合利用水稻、小龙虾的生态特点达到稻虾共生、相互利用、稻虾双丰收目的的一种高效立体生态农业，是动、植物生产有机结合的典范，是农村种、养殖立体开发的有效途径，其经济效益是单作水稻的 1.5~3 倍。

三、稻田养殖小龙虾的类型

根据生产的需要和各地的经验，稻田养殖小龙虾的模式可以归类为 3 种类型。

1. 稻虾兼作型

该种模式就是边种稻边养虾，稻虾两不误，力争双丰收。在兼作模式中有单季稻养虾和双季稻养虾的区别，单季稻养虾，顾名思义就是在一季稻田中养小龙虾，这种养殖模式主要存在于江苏、四川、贵州、浙江和安徽等地，单季稻主要是中稻，也有用早稻养殖小龙虾的。双季稻养虾，顾名思义就是在同一稻田中连种两季水稻，虾也在这两季稻田中连养，不需转养，双季稻就是连种早稻和晚稻，这样可以有效利用一早一晚的光合作用，促进稻谷成熟，广东、广西、湖南、湖北等地利用双季稻养小龙虾的较多，这种模式在美国的南部也非常普遍。

2. 稻虾轮作型

该种模式就是种一季水稻，然后接着养一茬小龙虾，第二年再种一季水稻，待稻谷收割后接着养小龙虾，做到动、植物的轮流种养殖，稻田种早稻时不养小龙虾，在早稻收割后立即加高田埂养小龙虾而不种稻。这种模式在广东、广西等地推广较快，利用了当地光照时间长的优点，当早稻收割后，可以加深水位，人为形成一个个深浅适宜的"稻田型池塘",有利于保持稻田养虾的生态环境,另外稻子收割后稻草最好还田,稻草本身可以作为小龙虾的饵料,使虾有较充足的养料,当然稻草还可以为小龙虾提供隐蔽的场所,这样的话养虾时间较长,小龙虾产量较高,经济效益非常好。

3. 稻虾间作型

这种方式利用较少,主要是被华南地区采用,就是利用稻田栽秧前的间隙培育小龙虾,然后将小龙虾起捕出售,稻田单独用来栽晚稻或中稻。

四、田间工程建设

对养虾的稻田进行适当的田间工程建设是稻田养殖小龙虾最主要的一项工程,也是直接决定养虾产量和效益的一项工程,千万不能马虎。

1. 稻田的选择

养虾稻田要有一定的环境条件才行,不是所有的稻田都能养虾,一般的环境条件主要有以下几种。

水源:养殖小龙虾应选择水源充足,水质良好,雨季水多不漫田、旱季水少不干涸、无有毒污水、低温冷浸水流入、周围无污染源、保水能力较强的田块,农田水利工程设施要配套,有一定的灌排条件,低洼稻田更佳。

土质:土质要肥沃,因为黏性土壤的保持力强,保水力也强,渗漏力小,而土质瘠薄的矿质土壤、盐碱土会渗水、漏水,不宜养虾。

面积:面积少则十几亩,多则几十亩,上百亩都可,面积大比面积小更好。

其他条件:稻田周围没有高大树木,桥涵闸站配套,通水、通电、通路。

2. 开挖虾沟

养虾稻田的田埂要相对较高,正常情况下要能保证关住 50~80 厘米的水深。除了田埂要求外,还必须适当开挖虾沟,这是科学养

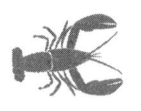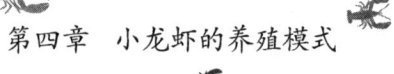

虾的重要技术措施，稻田因水位较浅，夏季高温对小龙虾的影响较大，因此必须在稻田四周开挖环形沟，对于面积较大的稻田，还应开挖"田"字型、"川"字型或"井"字型的田间沟。环形沟距田间1.5米左右，环形沟上口宽3米，下口宽0.8米；田间沟宽1.5米，深0.5~0.8米，坡比1∶2.5。虾沟既可防止水田干涸和作为烤稻田、施追肥、喷农药时小龙虾的退避处，也是夏季高温时小龙虾栖息隐蔽、遮荫的场所，沟的总面积占稻田面积的8%~15%。

3. 加高、加固田埂

为了保证养虾稻田达到一定的水位，增加小龙虾活动的立体空间，须加高、加宽、加固田埂，平整田面，可将开挖环形沟的泥土垒在田埂上并夯实，确保田埂高为1.0~1.2米，宽为1.2~1.5米，田埂加固时每加一层泥土都要打紧夯实，要求做到不裂、不漏、不垮，在满水时不能崩塌跑虾。

4. 防逃设施

从一些地方的经验来看，有许多自发性农户在稻田养殖小龙虾时没有在田埂上建设专门的防逃设施，但龙虾产量并没有降低，所以有人认为在稻田中可以不要防逃设施，这种观点有失偏颇的。首先是因为在稻田中采取了稻草还田或稻桩较高的技术，为小龙虾提供了非常好的隐蔽场所和丰富的饵料；其次与小龙虾的放养数量有很大的关系，在密度和产量不高的情况下，小龙虾之间的竞争压力不大，没有必要逃跑；最后就是大家都没有做防逃设施，小龙虾的逃跑呈放射性，谁能抓住就算谁的产量，由于小龙虾跑进、跑出的机会是相等的，所以大家没有感觉到产量降低。因此，进行高密度的养殖时，要想取得高产量和高效益，还是很有必要在田埂上建设防逃设施的。具体的防逃设施同前文一样。

稻田开设的进、排水口应用双层密网防逃，同时也能有效地防止蛙卵、野杂鱼卵及幼体进入稻田危害蜕壳虾；同时为了防止夏天雨季冲毁堤埂，稻田应开设一个溢水口，溢水口也用双层密网过滤，防止小龙虾乘机逃走。

5. 放养前的准备工作

（1）及时杀灭敌害。放虾前 10~15 天，清理环形虾沟和田间沟，除去浮土，修正垮塌的沟壁，每亩稻田的环形虾沟和田间沟用 20~50 千克的生石灰进行彻底地清沟消毒，或选用鱼藤酮、茶粕、漂白粉等药物杀灭蛙卵、鳝、鳅及其他水生敌害、寄生虫和致病菌等。

（2）种植水草，营造适宜的生存环境。在环形沟及田间沟种植沉水植物如聚草、苦草、水花生、空心菜、马来眼子菜、轮叶黑藻、金鱼藻等沉水性水生植物，并在水面上移养漂浮水生植物如芜萍、紫背浮萍、凤眼莲、水葫芦等，但要控制水草的面积，一般水草占虾沟面积的 10%~20%，以零星分布为好，不要聚集在一起，这样有利于虾沟内水流畅通无阻塞。还可在离田埂 1 米处，每隔 3 米打一处 1.5 米高的桩，用毛竹架设，在田埂边种瓜、豆、葫芦等，等到藤蔓上架后，在炎夏可以起到遮荫避暑的作用。

（3）施足基肥，培肥水体，调节水质。为了保证小龙虾有充足的活饵供取食，可在放种苗前一个星期，往田间虾沟中注水 50~80 厘米，然后施有机肥来培养饵料生物，常用的有干鸡粪、猪粪，每亩施农家肥 500 千克，一次施足，并及时调节水质，确保养虾水质保持肥、活、嫩、爽、清的要求。

五、水稻栽培

1. 水稻品种选择

水稻品种要选择经国家审定适合本区域种植的优质、高产、高抗品种，品种特点要求叶片开张角度小，属于抗病虫害、抗倒伏且耐肥性强的紧穗型品种，目前常用的品种有丰两优系列、新两优系列、两优培九、汕优系列、协优系列等优质高产品种。

2. 整地方式和要求

先施基肥后整地，用机械干耕，后上水耙田，再带水整平。

3. 施肥方式和使用量

中等肥力田块，每亩施腐熟厩肥 3000 千克、氮肥 8 千克、P_2O_5

6 千克、K$_2$O 8 千克，均匀地撒在田面上并用机器翻耕均匀。

4. 育苗和秧苗移植

全部采用肥床旱育模式，稻种浸种不催芽，直接落谷，按照肥床旱育要求进行操作。秧苗一般在 5 月中旬、秧龄为 30~35 天时开始移植，移栽时水深 3 厘米左右，采取条栽与边行密植相结合，浅水栽插的方法，养虾稻田宜提早 10 天左右。我们建议移植方式采用抛秧法，要充分发挥宽行稀植和边坡优势的技术，确定每亩移栽 1.5 万~2 万穴，杂交稻每穴移植 1~2 颗种子苗，株行距为 13.3 厘米×30 厘米或 13.3 厘米×25 厘米，确保小龙虾生活环境通风透气性能好。旱育秧移栽大田不落黄，返青快，栽后 3 天活棵，5 天后开始新的分蘖。

六、小龙虾放养

1. 放养时间和模式

无论是当年虾种，还是抱卵的亲虾，应力争一个"早"字。早放既可延长虾在稻田中的生长期，又能充分利用稻田施肥后所培养的大量天然饵料资源。小龙虾的放养方法根据不同的市场行情，可选择不同的放养方式，一般可以分为以下 4 种情况。

（1）放养种虾。每年的 7 月份，在中稻收割之前 1 个月左右，将经挑选的小龙虾亲虾直接放入稻田的虾沟内，让其自行繁殖，亲虾可以自行摄食稻田中的有机碎屑、浮游动物、水生昆虫、周丛生物及水草等作为食物。稻田的排水、晒田、收割照常进行。收割后立即灌水，并施入腐熟的有机肥，培肥水质。待发现有幼虾活动时，就可以用地笼捕走大虾。

（2）投放抱卵亲虾。每年的 8~9 月中旬当早稻和中稻收割（收割时稻桩要多留一点）后，立即灌水，同时往稻田中投放抱卵虾，规格为 20~30 尾/千克。孵出幼虾后，起捕种虾。这是在当地幼虾供应不足或成虾市场行情低迷，且短期内回升可能性不大的情况下最好的模式。

（3）投幼虾。以放养当年人工繁殖的稚虾为主，投放规格为

100～120 尾/千克。这是在当地幼虾资源丰富的情况下可采取的模式，也可以采取随时捕捞，及时补充的放养方式。

（4）投放大规格的虾种，在科技推广中我们发现许多地方在 8 月份后也可以收到大量的小虾，规格在 45 尾/斤左右，这种虾作为成虾，规格又小了一点，所以市场价格也非常便宜，如果没有受到挤压、药害等损伤，可以收购后投放到稻田中，第二年 3 月份就可以有大虾收获，此时的规格可达 20 尾/千克左右，这种囤养的模式效益也是非常好的，值得在稻田养虾中大力推广。

2. 放养密度

根据稻田养殖的实际情况，一般每亩放养 20 千克在 40 克以上的小龙虾种虾，雌雄性比为 3：1；每亩稻田放养 20～25 千克抱卵亲虾；每亩稻田虾沟投放 1～1.2 万尾幼虾；大规格虾种投放数量为 100 千克/亩。注意抱卵亲虾可以先放入外围大沟内饲养越冬，秧苗返青时再将幼虾转移到稻田中生长。在 5 月以后随时补放，以放养当年人工繁殖的稚虾为主。

3. 放苗操作

向稻田中放养虾苗时，一般选择晴天早晨和傍晚或阴雨天进行，这时天气凉快，水温稳定，有利于放养的小龙虾适应新的环境。虾苗种在放养时要试水，试水安全后，才可投放幼虾。放养时，沿沟四周多点投放，使小龙虾苗种在沟内均匀分布，避免因过分集中引起小龙虾缺氧窒息死亡。在放养小龙虾时，要注意幼虾的质量，同一田块放养规格要尽可能整齐，放养时一次放足。放养虾种时用3%～4%的食盐水浴洗 10 分钟以消毒。

4. 亲虾的放养时间

从理论上来说，只要稻田内有水，就可以放养亲虾，但从实际的生产情况对比来看，放养时间在每年的 8 月上旬到 9 月中旬的产量最高。经过认真地分析和实践，我们认为：首先是因为这个时间的温度比较高，稻田内的饵料生物比较丰富，为亲虾的繁殖和生长创造了非常好的条件；其次是因为亲虾刚完成交配，还没有抱卵，投放到稻田后刚好可以繁殖出大量的小虾，到第二年 5 月份就可以

长成成虾。如果推迟到9月下旬以后放养，有一部分亲虾已经繁殖，在稻田中繁殖出来的虾苗的数量相对就要少一些；最后是因为小龙虾的亲虾最好采用地笼捕捞，9月下旬以后小龙虾的运动量下降，用地笼捕捞的效果不是很好，购买亲虾的数量就难以保证。因此建议要趁早购买亲虾，时间定在每年的8月初，最迟不能晚于9月25日。

由于亲虾放养与水稻移植有一定的时间差，因此暂养亲虾是必要的。目前常用的暂养方法有网箱暂养及田头土池暂养，由于网箱暂养时间不宜过长，否则会使小龙虾中折断附肢且互相残杀的现象严重，因此建议在田头开辟土池暂养，具体方法是：亲虾放养前半个月，在稻田田头开挖一条面积占稻田面积2%~5%的土池，用于暂养亲虾。待秧苗移植一周且禾苗成活返青后，可将暂养池与稻田挖通，并用微流水刺激，促进亲虾进入大田生长，该方法通常称为稻田二级养虾法。利用此种方法可以有效地提高小龙虾的成活率，也能促进小龙虾适应新的生态环境。

七、水位调节

水位调节是稻田养鱼过程中的重要一环，应以稻为主，小龙虾放养初期，田水宜浅，保持在10厘米左右，但因虾的不断长大和水稻的抽穗、扬花、灌浆均需大量的水，所以可将田水深度逐渐增加到20~25厘米，以满足两者（虾和稻）的需水量。在水稻有效分蘖期采取浅灌，保证水稻的正常生长；进入水稻无效分蘖期后，水深可调节到20厘米，既增加小龙虾的活动空间，又促进水稻的增产，同时，还要注意观察田沟水质的变化，一般每3~5天加注新水一次；盛夏季节，每1~2天加注一次新水，以保持田水清洁。

八、投饵管理

首先通过施足基肥，适时追肥，培育大批枝角类、桡足类以及底栖生物，同时在3月还应放养一部分螺蛳，每亩稻田放养150~250千克，并移栽足够的水草，为小龙虾生长发育提供丰富的天然饲料。一般情况下，人工饲料按动物性饲料40%、植物性饲料60%来配比。投喂时也要采用定时、定位、定量、定质投饵技巧。早期每天上、下午各投喂一次；后期在傍晚 6 点多投喂。投喂饵料品种多为小杂鱼、锤碎的螺蛳肉和河蚌肉、蚯蚓、动物内脏、屠宰厂的下脚料、蚕蛹，配喂玉米、小麦、大麦粉、豆类蔬菜、瓜果等。还可投喂适量植物性饲料，如水葫芦、水芜萍、水浮萍等。日投喂饲料量为虾体重的 4%~7%。平时要坚持检查虾的吃食情况，若当天投喂的饵料在 2~3 小时内被吃完，则说明投饵量不足，应适当增加投饵量，若在第二天还有剩余，则投饵量要适当减少。7~9 月上旬以投喂植物性饲料为主，9 月上旬~11 月上旬多投喂一些动物性饲料。冬季每 3~5 天在中午天气晴好时投喂 1 次。从翌年 3 月份开始，逐步增加投喂量。

1. 前期（第一年 10 月至第二年 3 月）

择优质种虾，投放到整理好的田内。进入 8 月后稻田内水位要逐渐降低，种虾投到稻田的虾沟内，逐渐适应环境后，开始繁殖、打洞。这一时期，小龙虾需要的能量增多，饵料以精饲料和动物性饵料为主，搭配南瓜、玉米等粗饲料投喂。10 月左右，水位降低到最低，小龙虾在洞内生活，此时，一般不需要投喂，如果环沟内还有少量水，可每隔几日在环沟内投喂切块的南瓜，以备气温适宜时小龙虾晚间出洞摄食。要定期检查沟内的南瓜是否被吃完，没有被吃完的及时捞出，以防止霉变。这样可降低种虾繁殖后的死亡率，可在第二年春季捕捞上市，这时期市场上的商品虾较少，价格较高，种虾的上市也会有一定的效益。从 10 月底到第二年 2 月，随着进水和种植蜈蚣草的开展，水位会逐渐漫过龙虾洞，这时期也是小龙虾种苗的培育期。首先，注意在加水和种蜈蚣草的过程中，施足基肥，少量多次补肥，多用氨基酸肥料和有益微生物制剂。在调整水色的同时，培育浮游动物作为优质的适口的、小龙虾苗种天然饵料。天然饵料的多少和优劣，能够决定小龙虾种苗的数量和质量。其次，在发现有种虾和虾苗出洞时，开始投喂优质精饲料和动物性饵料，少量搭配粗饲料。经过这一时期的投喂，可在第二年春季培育出大量的优质小龙虾苗。

2. 中后期（2、3月至5月）

头年投放种虾的，春季培育大量龙虾苗，龙虾苗长到100~200只/斤时，开始捕捞虾苗上市。利用地笼网捕捞虾苗，尽量多捕，既可以创造效益，也可以降低池塘中小龙虾苗种的密度，存塘种虾会继续排卵孵化，因此，不用担心卖苗会影响池塘的苗种密度。如果头年没有投放种虾，应该在2、3月购买优质虾苗进行投放，每亩投放20~30千克。3、4月时，虾苗的投喂主要以精饲料为主，粗饲料为辅，最好一天投喂两次，早晨一次投喂全天投喂量的30%，傍晚投喂全天投喂量的70%。4、5月时，粗饲料和精饲料都要投。蜈蚣草生长快速，也成为小龙虾的主要饲料来源之一，一天也是投两次。在小龙虾发病高峰期时，尽量卖掉大虾，留下小虾，投喂适当比例组成的精、粗饲料，促进小虾快速生长，长到足规格后就可以捕捞售卖。

因为从6月开始就要种植水稻，所以从5月底开始，小龙虾就会大量上市，此时的市场价格一般会是一年中最低的。此时，无论价格怎样，都要卖掉大部分存塘虾，留下小部分作为种虾，投喂也以粗饲料为主、精饲料为辅，以培育种虾为目的。

九、科学施肥

养虾稻田一般以施基肥和腐熟的农家肥为主，基肥要足，促进水稻稳定生长，保持中期不脱力，后期不早衰，群体易控制，达到肥力持久长效的目的，每亩可施农家肥300千克、尿素20千克、过磷酸钙20~25千克、硫酸钾5千克，在插秧前一次施入耕作层内。放虾后一般不施追肥，以免降低田中水体的溶解氧含量，影响小龙虾的正常生长。如果发现脱肥，可少量追施尿素，每亩不超过5千克，或用复合肥（10千克/亩），或用人、畜粪堆制的有机肥，追肥要对小龙虾无不良影响，禁止使用对小龙虾有害的化肥如氨水和碳酸氢铵等。

在稻田管理中有一项重要的施肥要求就是巧施促蘖肥，通常在栽秧后5天，每亩施尿素10千克；在栽后35~40天，每亩施尿素5

千克，促进分蘖。施肥的方法是：先排浅田水，让虾集中到环沟、田间沟中再施肥，有助于肥料迅速沉积于底泥中并被田泥和禾苗吸收，随即加深田水到正常深度；也可采取少量多次、分片撒肥或根外施肥的方法。

十、科学施药

一方面，小龙虾对很多农药都很敏感；另一方面，稻田养虾能有效地抑制杂草生长，降低病虫害的影响，所以要尽量减少除草剂及农药的施用。总之，稻田养虾的原则是能不用药时坚决不用，需要用药时则选用高效、低毒的农药用及生物制剂。小龙虾入田后，若再发生草荒，可人工拔除。如果确因稻田病害或虾病严重需要用药时，应掌握以下8个关键点。

（1）科学诊断，对症下药。

（2）选择高效、低毒、低残留的农药。

（3）由于小龙虾是甲壳类动物，也是无血动物，对含磷药物、菊酯类药物、拟菊酯类药物特别敏感，因此慎用敌百虫、甲胺磷等药物，禁用敌杀死等药物，以免对小龙虾造成危害。

（4）喷洒农药时，一般应加深田水，以降低药物浓度，减少药害，也可排尽田水再用药，待8小时后立即加水至正常水位。

（5）施农药时要注意严格把握农药安全使用浓度，确保虾的安全，粉剂药物应在早晨露水未干时喷施，水剂和乳剂药应在下午喷洒，因稻叶下午干燥，能保证大部分药液吸附在水稻上，尽量不喷入水中。

（6）降水速度要缓，等虾爬进鱼沟后再施药。

（7）可采取分片、分批的用药方法，即先在稻田的一半中施药，过两天再施另一半，同时要尽量避免农药直接落入水中，保证小龙虾的安全。

（8）对于水稻的虫害，基本上是不用防治的，小龙虾可以有效地吞食作为饵料来源，但是对于水稻特有的一些疾病，还是要积极预防和治疗的。在分蘖至拔穗期，每亩用25克20%的井冈霉素可湿

性粉剂 2000 倍液喷雾，预防纹枯病，同期每亩用 100 克 20% 的三环唑可湿性粉剂 500 倍液或用 40 克 50% 的消菌灵加水喷雾，防治稻瘟病。水稻拔节后，每亩用 100 毫升 20% 的粉锈宁乳油 1500 倍液或用 250 克增效井岗霉素加水喷雾，防治水稻叶尖枯病、稻曲病、云形病等后期叶类病害。

十一、科学晒田

水稻在生长发育过程中的需水情况是在变化的，养虾需水与水稻需水是主要矛盾。田间水量多，水层保持时间长，对虾的生长是有利的，但对水稻生长却是不利。有句农谚对水稻用水进行了科学的总结，那就是"浅水栽秧、深水活棵、薄水分蘖、脱水晒田、复水长粗、厚水抽穗、湿润灌浆、干干湿湿"。因此有经验的老农常会采用晒田的方法来抑制无效分蘖，促进根系的生长，健壮茎杆，防后期倒伏，一般是当茎蘖数达计划穗数的 80%~90% 时开始自然落干晒田，这时的水位很浅，这对养殖小龙虾是非常不利的，因此做好稻田的水位调控工作是非常有必要的，生产实践中我们总结出了一条经验，那就是"平时水沿堤，晒田水位低，沟溜起作用，晒田不伤虾"。晒田前，要清理虾沟、虾溜，严防虾沟里阻隔与淤塞。晒田的总要求是轻晒轻烤或短期晒，晒田时，不能完全将田水排干，沟内水深保持在 20 厘米，使田块中间不陷脚，田边表土不裂缝和发白，以见水稻浮根泛白为适度。晒田时间尽量要短，晒好田后，及时恢复原水位。尽可能不要晒得太久，以免虾缺食太久影响生长，而且发现龙虾有异常反应时，则要立即注水。

十二、敌害预防

防治小龙虾的病害应采取预防为主的科学防病措施。稻田饲养小龙虾的敌害较多，常见的敌害有蛙、水蛇、老鼠、黄鳝、泥鳅、鸟等，除防养前彻底用药物清除外，进水口进水时要用 40~80 目的纱网过滤，发现田里有这些敌害存在时应及时采取有效措施驱逐或诱灭。在放虾初期，稻株茎叶不茂，田间水面空隙较大，此时虾个体也较小，活动能力较弱，逃避敌害的能力较差，容易被敌害侵袭。同时，小龙虾每隔一段时间需要蜕壳生长，在蜕壳或刚蜕壳时，最容易成为敌害的适口饵料。到了收获时期，由于田水排浅，虾有可能到处爬行，目标会更大，也易被鸟、兽捕食。对此，要加强田间管理，并及时驱捕敌害，有条件的可在田边放置一些彩条或稻草人，以恐吓、驱赶水鸟。另外，当虾放养后，还要禁止家养鸭子下田沟，避免损失。

十三、加强其他管理

其他的日常管理工作必须做到勤巡田、勤检查、勤研究、勤记录。坚持早晚巡田，检查沟内水色变化和虾的活动、摄食、生长情况，决定投饵、施肥数量；检查堤埂是否塌漏、平水缺、进出水口筛网、拦虾设施是否牢固，防止逃虾和敌害进入；检查虾沟、虾溜，及时清理，防止堵塞；汛期防止漫田而发生逃虾的事故；检查水源水质情况，防止有害污水进入稻田；维持虾沟内有较多的水生植物，数量不足要及时补放；大批虾蜕壳时不要冲水，不要干扰，蜕壳后增喂优质动物性饲料；高温季节，每10天换1次水，每次换水1/3，每20天泼洒1次石灰水调节水质；如果发现小龙虾抱住稻秧，侧卧于水面上，则表示水体已呈缺氧态，如果小龙虾大批上岸，表示缺氧严重，应立即加注新水。因此在日常管理时要及时分析存在的问题，做好田块档案记录。

十四、收获

稻谷收获一般采取收谷留桩的办法，然后将水位提高至40~50厘米，并适当施肥，促进稻桩返青，为小龙虾提供避荫场所及天然饵料来源。稻田养虾的捕捞时间在4~9月，具体的起捕时间可根据市场行情和养殖需要灵活确定，长期捕捞、捕大留小、轮捕轮放、常年供应市场，是降低成本、增加产量的一项重要措施。

稻田养殖小龙虾时主要采用地笼网张捕法，傍晚将地笼网置于稻田虾沟内，每天清晨起来收笼、收虾。每隔一段时间将地笼换一

个地方，继续捕捞，这样可以有效提高捕捞效率。需要注意的是小龙虾在捕捞前，稻田的防病治病要慎用药物，否则影响小龙虾的回捕率，药物的残留也会影响商品虾的质量，导致市场销售障碍，影响养殖效益。

第三节　湖泊养殖模式

一、湖泊的选择

湖泊中养殖小龙虾的模式，在国外早已有之，方法也很简单，但它对湖泊的类型有要求，一要草型湖泊，二要浅水型湖泊。那些又深又阔或者是过水性湖泊，则不宜养殖小龙虾。

草型湖泊网围养小龙虾是由网围养鱼发展而来的，这种形式与畜牧业中的圈养形式相似，它具有野生自然增殖、捕捞和人工半精养相结合的优点，目前在长江中下游地区的草型湖泊发展十分迅速。

二、网围地点的选择

网围养虾的地点应选择在环境比较安静的湖湾地区，水位相对稳定，湖底平坦、风浪较小、水质清新、水流畅通，避免在河流的进出水口和水运交通频繁地段选点。要求周围水草和螺蚬等饵料丰富，无污染源，网围区内水草的覆盖率在 50% 以上，并选择一部分菱草、蒲草地段作为河蟹的隐蔽场所。湖岸线较长，坡底较平缓，常年水深在 1 米左右。

但是要注意水草的覆盖率不要超过 70%，生产实践证明，水浅草多尤其是蒿草、芦苇、蒲草等挺水植物过密，水流不畅的湖湾岸滩浅水区，在夏秋季节水草会大量腐烂，水质变臭（渔民称为酱油水、蒿黄水），分解产生大量的硫化氢、氨、甲烷等有毒物质和气体，有机耗氧量增加，造成局部缺氧，引起养殖鱼类、小龙虾、珍珠蚌甚至螺蚬的大批死亡，这样的地方不宜养殖小龙虾。

三、网围设施

网围设施由拦网、石笼、竹桩、防逃网等部分组成。拦网用网目为 2 厘米，网线 3×3 的聚乙烯网片制作。网高 2 米，装有上下纲绳，上纲固定在竹桩上，下纲连接直径为 12~15 厘米的石笼，石笼内装小石子，每米 5 千克，踩入泥中。竹桩的毛竹长度要求在 3 米以上，围绕圈定的网围区范围，每隔 2~3 米插一根竹桩，要垂直向下插入泥中 0.8 米，作为拦网的支柱。防逃网连接在拦网的上纲，与拦网向下成 45°夹角，并用纲绳向内拉紧撑起，以防止小龙虾攀网外逃。为了检查小龙虾是否外逃，可以在网围区的外侧放置一圈地笼。

网围区的形状以圆形、椭圆形、圆角长方形为最好，因为这种形状抗风能力较强，有利于水体交换，减少小龙虾在拐角处挖坑打洞和水草等漂浮物的堆积。每一个网围区的面积以 10~50 亩为宜。

四、除野

乌鱼、鲶鱼、蛇等鱼类是小龙虾的天敌，必须严格加以清除。因此，在放置拦网前一定要用各种捕捞工具，密集驱赶野杂鱼类。最好还要用石灰水、巴豆等清塘药物进行泼洒，然后放网并把底纲的石笼踩实。

五、苗种放养

小龙虾的苗种放养有两种方式，一是放养 3 厘米长的幼虾，每亩放 0.5 万尾，时间在春季 4 月，当年 6 月就可成为大规格商品虾，另一种就是在秋季 8~9 月时放养抱卵虾，每亩放 25 千克左右，翌年 4 月底就可以陆续出售商品虾，而且全年都有虾出售。另外可放养 3~4 厘米规格的鲢鳙鱼夏花 500~1000 尾。

六、饲养管理

1. 合理投喂

在湖泊网围养虾的范围内，水草和螺蚬资源相当丰富，可以满

足河蟹摄食和栖居的需要。经过调查发现，在水草种群比较丰富的条件下，小龙虾摄食水草有明显的选择性，爱吃沉水植物中的伊乐藻、菹草、轮叶黑藻、金鱼藻，不吃聚草，苦草也仅吃根部。因此，要及时补充一些小龙虾爱吃的水草。

给小龙虾投饵时应尽可能多投喂一些动物性饵料，如小杂鱼、螺蚬类、蚌肉等。小龙虾摄食以夜间为主，一般每天投饵两次，上午投 1/3，下午投 2/3。

2. 日常管理

要坚持每天严格巡查网围区防逃设施是否完好。特别是虾种放养后的前 5 天，由于环境突变，小龙虾要四处乱爬，最容易逃逸。另外围网由于受到生物等诸多因素的影响造成破损，稍不注意，将造成小龙虾外逃。7~8 月是洪涝汛期和台风多发季节，要做好网围设施的加固工作，还要备用一些网片、毛竹、石笼等材料，以便急用。网围周围放的地笼要坚持每天倒袋。如发现情况，及时采取措施。此外，还要及时捞掉漂浮到拦网附近的水草，以利水体交换。如果发现网围区内水草过密，则要用刀割去一部分水草，形成 3~5 米的通道，每个通道的间距为 20~30 米，以利水体交换。为了改善网围区内的水质条件，在高温季节，每半月左右用石灰水泼洒一次，每亩水面用生石灰 20 千克左右。

在小龙虾生长期间严格禁止在养虾湖泊内捞草，以免伤害草中的虾，特别是蜕壳虾。

七、成虾捕捞

湖泊捕虾工具一般有虾籪（又称迷魂阵）、单层刺网、地笼等。进入 5~9 月后，可用地笼等渔具长期捕捞上市，实施轮捕轮放，以后每年只是收获，无须放种。也可以少量补充放种，以稳定较高的虾产量。

八、小龙虾人工放流

小龙虾人工放流是指在面积较大的浅水湖泊、草型湖泊、沼泽地、低洼地以及季节性沟渠等水体中放养小龙虾，一次放种，多年受益。放养的方法是在 7~9 月时每亩投放亲虾 15~20 千克，平均规格在 35 克左右，雌雄性比为（2~3）：1。小龙虾人工放流时是不需要人工投喂的，这些小龙虾可以充分利用这些自然水域中的天然饵料来达到增殖的目的。从第二年的 3 月开始用地笼捕捞，一直到 10 月，以后每年都可以重复这些捕捞工作。

第四节　大水面养殖模式

在我国内陆水域中除了人工开挖的池塘养殖、水泥池养殖、流水养殖和全封闭型循环水养殖工程之外，均属大水面，包括江河、湖泊、水库、河道、荡滩、低洼塌陷地等，这些水体都可因地制宜地发展小龙虾的养殖。

开发利用大水面渔业资源具有节地、节粮、节能和节水的优点，在全国 500 万公顷的可养殖水体中，湖泊、水库、河道和荡滩等大面积水体约占 80%，长期以来人们一直都把它们作为"靠天收"的捕捞式养鱼方式，如果在这些大水面中适当放养一些小龙虾，充分利用这些天然水体中的天然饵料，将会使小龙虾的养殖发展走向一个更大的台阶。

一、开发利用大水面养殖小龙虾的方式

大水面水体的水质构成和天然饵料组分均有所不同，因此应当做好详细的适用规划，调研各种水体的生态环境，评估水域周边地区的经济发展和管理水平，因地制宜，筛选适合的实用养殖技术，开发适合的养殖方法开展小龙虾养殖。

目前我国利用大水面养殖小龙虾的方式主要有以下 4 种。

1. 浅型湖泊

它们的特点是水位浅、滩涂多，在这些大水面中养殖小龙虾的方式很多。在湖库滩地开沟挖渠，建设精养虾池，在水深不足 1 米的浅水区内栽种水生经济植物和小龙虾轮养的方式；采取低坝高拦

和网坝结合的提水养虾方式进行半精养小龙虾；也可在水深 1~3 米的开敞水域可进行围拦养殖和网箱养小龙虾。

2. 小型湖荡

它们的特点是水面小，但是这种水域的生产条件一般都比较优越，多属富营养类型，有较长的养鱼历史，养殖技术已经过关，是我国当前发展大水面养殖小龙虾的重点水域。

3. 中型湖库

它们的特点就是天然饵料生物资源丰富，适宜小龙虾的繁殖和生长，在这些水域中发展小龙虾养殖时，一般是以粗养为主，但要注意对环境资源的保护，在这个前提之下，可以实行网箱养殖小龙虾、围网养殖小龙虾、拦网养殖小龙虾等方式，大幅度提高小龙虾的产量和经济效益。

4. 大型江河湖库

这些水域主要是以水利、航运、调蓄和灌溉为主要功能，一般不提倡进行大规模的"三网"养殖，在养殖小龙虾的方法上，主要是以蓄养为主，宜采取控制捕捞强度，保护增殖天然小龙虾资源为主，进行一些简单的水土改良，灌江纳苗，投放人工鱼巢、人工渔礁，实行人工投放，自然增殖，粗放粗养。此外，需要注意控制规模，因小龙虾的打洞及钻掘能力强，需要严格保证其不会对库坝和堤坝造成危害，此外需要特别注意的是，在重要的水库尤其是水源地水库是不能进行小龙虾养殖的。

二、在大水面中利用"三网"进行小龙虾的增养殖

网箱养殖、网围养殖、网拦养殖合称为"三网"养殖，这是在大水面中进行养殖的主要技术措施。

网箱养殖小龙虾的技术前文已经讲述过了，这里不再赘述。

网围养殖小龙虾技术是在湖泊、河道、水库等开敞水域，用网片围成一定面积和形状，进行养殖生产的一种技术，这种技术可以充分利用大水面水流畅通、溶氧充足、天然饵料生物丰富等生态条件的优势，结合半精养措施，实现小龙虾配套养殖、轮捕轮放、均

衡上市的高效养殖效果，一般也进行投喂，但投喂量要比精养池少得多。这种技术对水位有一定的要求，平均水深要低于 1.5 米，最大水深不能超过 3 米，水位年变幅低于 1 米，水流平缓，流速变化在 1~3 厘米/秒，网围内一定要有各种各样的挺水植物、沉水植物或漂浮植物等水草资源，覆盖率最好不能低于 30%。每亩放 3 厘米长的小龙虾 2500 尾，鲢、鳙鱼各 50 尾，每天喂精料 1 次，每亩投料 1~1.5 千克。也可投喂自制混合饲料或者购买鱼类专用饲料，实行定质、定量、定时、定位的"四定"方针进行饲料分配和投喂。

围拦养殖小龙虾是在湖湾港汊、湖边岸滩、库湾、河道等水域中，依据水面地形，用网片、竹箔或金属网拦截一块水体，至少有一边是靠岸的，投放一定数量的虾种，利用天然和人工饲料，进行养殖生产的一项养虾技术。在湖泊中称为湖汊养虾，在水库中称为库汊养虾。由于这种围拦养殖小龙虾的方式现在在许多浅水型湖泊中被改造成一种新的养殖模式——低坝高拦养虾或低圩高拦养虾，这种养方式效果非常好，唯一的缺点是会对汛期的行洪和泄洪造成极大的影响，现在全国各地已经开始清理，这里也不再鼓励大家采用这种模式来养殖小龙虾了。

三、河道养殖小龙虾

1. 河道养殖小龙虾的条件

河道一般曲折多湾，呈长条形，与陆地接触面相对较大，流进的有机质也多，水质较肥，小龙虾打洞的机会也多，有利于提高小龙虾的养殖产量，也是用于养殖小龙虾的一种重要补充方式。要满足小龙虾的生态条件，河道应具备以下 6 个条件。

（1）水质要好：养殖小龙虾的河道应避开工矿企业的排污处，特别是要避开对小龙虾有毒害作用的污染源，即使是生活污水，也要净化后方可用于养殖。

（2）条件要好：河道两旁的堤坝要牢固，不受洪水和干旱等灾害的影响，要做到涝能排水、旱能保水的要求。河道中的进出水口不要太多，并且要确保每个进出水口都能防止小龙虾逃逸，另外河

道的水底要平坦，便于管理和捕捞。

（3）水位落差：长年水位落差较小，最好不超过1米，水深在1.0~1.5米。

（4）水流：水的流速大、水体交换率高、水体的溶氧量高对养殖小龙虾是有好处的，水的流速以低于1米/秒为宜。

（5）生物饵料：河道中要有较丰富的水生生物，并能较方便地利用以解决部分饵料问题。

（6）用水矛盾：要了解周围农田灌溉、储水、泄洪等情况，解决好养虾用水和水利方面的矛盾。

2. 小龙虾的放养

河道中虾种的放养数量、规格与混养比例应根据水体的自然条件、饵料情况、管理水平等来确定。放养方式可分为粗养、半精养和精养。

粗养就是在拦截的河道中放养少量虾种，不投喂饵料，完全依靠水体中天然生物饵料的养殖方式。半精养就是建筑较牢固的拦虾设施后，投放一定的虾种，除依靠水域中的天然生物饵料外，还需投喂一些饵料。精养就是模拟池塘精养的一种方式，在河道中投放较多数量的虾种，靠人工投喂的一种方式。放养的种类和数量应依据水质的肥瘦情况确定。在水质较肥的河道中，每亩可以放养1500尾左右、规格为2~3厘米的小龙虾，同时放养少量的鲢鱼、鳙鱼、鲮鱼等鱼。在河道水质清瘦时，每亩可以放养800尾左右、规格为3厘米的小龙虾，同时投放鲢鱼、鳙鱼。

3. 河道养虾管理

在虾种放养之后，河道养殖的饲养管理工作就要紧紧跟上，主要内容有投饵和防逃。投饵应按不同季节合理搭配天然饵料和商品饵料，投喂时应将饵料投在食台、食场，各种饲料要新鲜，营养要丰富，各种营养物质的含量要满足小龙虾的需要。由于河道中的水是流动的，因此最好投喂颗粒饲料，颗粒饲料的大小也要适当。在适宜施肥的河道中，也可以施放一些粪肥、化肥和发酵过的绿肥等，使水变肥，施肥时也应注意将肥料投放在靠进水口的地方。防逃是河道养殖小龙虾的重要技术之一，一是要加强河流进出水口的管理，防止小龙虾外逃；二是要尽量避免人为干扰，防止进出水口处发生不必要的人为逃虾事件；三是要定期检查防逃设备，发现破损要及时修补；四是对于河道中堆积的杂草污物要经常清理，保持水流畅通。

4. 河道拦网养殖小龙虾

拦网设置：拦网通常设置在河道宽阔的水面，要求远离航道，环境安静，底部较平，水草较丰富，水质清新，无污染，常年水深在 0.8~1.5 米。

材料：网片是聚乙烯网布，网高应超过常年最高水位的 60~80 厘米，网目为 0.8 厘米，拦网形状依据水面的形状而定，面积为 5~10 平方米，在网片上端缝上硬质塑料薄膜作为防逃设施，效果很好。

虾种投放：围网修建好后，先将网内的野杂鱼除去，为了保险起见，最后用电捕器对网内的野杂鱼进行彻底的清除，每亩用 13 千克的漂白粉进行泼洒。抱卵虾的投放可在 8 月上、中旬进行，每亩投放量为 25 千克，同时可投入部分鲢鱼、鳙鱼。

科学投饵：在围栏区内靠岸浅滩处设精饲料食场，投喂量应根据季节、天气、小龙虾生长及摄食强度等情况确定，日投喂两次，每次要在一个半小时内吃完。

管理：在日常管理中，坚持每日巡查，主要是检查网片有无破损耗，防逃设施的性能是否良好，发现问题要及时修正，在汛期要日夜巡查，防止水位过高，及时清除残饵，每 5 天洗刷一次网片，保证水体交换的正常进行。

第五节　藕田养殖模式

小龙虾的藕田养殖模式是一种种植与养殖结合、生态互补的新型高效生产方式。一方面，藕田套养了小龙虾，藕田中的水生植物为小龙虾提供了附着物和隐蔽环境，藕田中的水草、底栖动物可为小龙虾提供丰富的天然饵料；另一方面，小龙虾套养在藕田中，既提高了藕田的利用率，又通过摄食藕田中的水草、莲蛆为藕田生态

除草、除虫，省去了人工清除的麻烦。同时，小龙虾排泄物还为藕田增加了有机肥料，实现了藕田生态良性循环。

藕田养殖小龙虾是指在藕塘中放养小龙虾，一般分为秋季投放种虾和春季投放虾苗两种投放养殖方式。秋季投放的种虾，可在第二年的 2、3 月开始起捕部分虾苗上市，留一部分虾苗继续养成，在 4、5 月采用捕大留小、分批上市的方式，起捕成虾上市。春季投放的虾苗，经 30~40 天的养殖后，用地龙网开始捕捞，捕大留小，分批上市。莲藕从 6 月下旬开始采收，一直持续到来年清明前，大量采收集中在中秋节前后。

一、藕田的清整

选择饲养小龙虾的藕田应水源充足、水质良好、无污染、排灌方便和抗洪、抗旱能力较强。池中土壤的 pH 值呈中性至微碱性，并且阳光充足，光照时间长，浮游生物繁殖快，尤其以背风向阳的藕田为好。忌用有工业污水流入的藕田养殖小龙虾。养殖小龙虾的藕田建设内容主要有 3 项：加固、加高田埂；开挖水沟、水坑；修建进水口、排水口的防逃栅栏。

（1）加固、加高田埂。为防止小龙虾掘洞时将田埂掘穿，引发田埂崩塌，在汛期和大雨后发生漫田逃虾，养殖小龙虾的藕田需要加高、加宽和夯实池埂。加固的田埂应高出水面 40.0~50.0 厘米，田埂四周用塑料薄膜或钙塑板修建防逃墙，最好再用塑料网布覆盖田埂内坡，下部埋入土中 20.0~30.0 厘米，上部高出埂面 70.0~80.0 厘米，田埂基部加宽 80.0~100.0 厘米。每隔 1.5 米用木桩或竹竿支撑固定，网片上部内侧缝上宽度为 30.0 厘米左右的农用薄膜，形成"倒挂须"，防止小龙虾攀爬外逃。

（2）开挖水沟、水坑。为给小龙虾创造一个良好的生活环境和便于集中捕小龙虾，需要在藕田中开挖水沟和水坑。开挖时间一般在冬末或初春，并要求一次性建好。水坑深 50 厘米，面积为 3.0~5.0 平方米，在水坑与水坑之间开挖深度为 50.0 厘米、宽度为 30.0~40.0 厘米的水沟。水沟除呈"十"字、"田"字形外，还有"井"字形。一般小田挖成"十"字形，大田挖成"田"字、"井"字形。整个田中的水沟与水坑要相通。一般每亩面积的藕田开挖1个水坑，面积约为20.0~30.0平方米，藕田的进水口与排水口要呈对角排列，进水口、排水口与水沟、水坑相通连接。

（3）修建进水口、排水口的防逃栅栏。在进水口、排水口安装竹箔、铁丝网等防逃栅栏，高度应高出田埂20.0厘米，其中进水口的防逃栅栏要朝田内安置，呈弧形或"U"形安装固定，凸面朝向水流。注水、排水时，如果水中渣屑多或藕田面积大，可设双层栅栏，里层拦虾，外层拦杂物。

二、放水

藕田饲养小龙虾的初期宜灌浅水，水深10厘米左右。随着藕和虾的生长，将田水逐渐加深至15~20厘米。在莲藕生长旺盛的季节，由于水面被藕叶覆盖，水体光照不足，加之藕田追肥后水质变差，容易造成水体缺氧，因此在水层管理上，要定期加新水，排出部分老水，每15~20天换水1次，每次换水量为藕田原水量的1/3。在换水的同时，每20天左右泼洒1次石灰水，667平方米的藕田每次用生石灰10千克，一方面改善藕田水质，增加水中的溶氧量，另一方面增加水中钙离子含量，促进小龙虾蜕壳生长。

三、苗种投放

藕田养殖小龙虾的放养方式类似于稻田养殖小龙虾，但因藕田中常年有水，因此放养量比稻田饲养时的放养量要稍大一些。

放养模式有两种：一种是春季放养虾苗，另一种是秋季放入亲虾让其自行繁殖。

1. 春季放养虾苗

每亩投放规格为3~5厘米的虾苗20千克左右。小龙虾虾苗在放养前，要用浓度为3.0%左右的食盐水进行浸洗消毒3~5分钟，具体时间应根据当时的天气、气温及小龙虾苗本身的耐受程度灵活确定。放养时间一般选择在4月下旬至5月上旬，不宜太早。4月下

  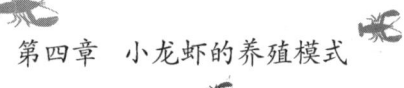

旬，藕长出 2~3 片立叶，植株变硬，幼虾不会对茎、叶造成伤害。4月至 6 月中旬，藕田中藕叶较小，遮光有限，阳光照射水面，有利于提升水温，同时，藕池施肥量大，水质较肥，有利于浮游生物生长。此时，藕田中的水常呈浓绿色，幼虾喜食的天然饵料如轮虫、枝角类、桡足类等浮游生物非常丰富。6~9 月是小龙虾的生长旺季，摄食量大。6 月中旬后，荷叶长满水面，藕池中的水生维管束植物、底栖动物都较多，特别是摇蚊幼虫及螺蛳，为小龙虾提供了丰富的天然动物性饵料。

2. 秋季投放种虾

每亩放亲虾 10~20 千克，雌雄比例为（2~3）：1，具体时间一般在 9~10 月，选择的亲虾应体表光滑无附着物，规格在 25 克以上。亲虾附肢齐全、无损伤、无病害、体质健壮、活动能力强。采用干法运输的小龙虾种，离水时间较长，要将小龙虾种在田水内投泡 1 分钟，提起搁置 2~3 分钟，反复几次，让虾种体表和鳃腔吸足水分后再放养。秋季投放的种虾，可在第二年春季长出大量虾苗，从而捕捞上市。

四、莲藕栽种

莲藕宜选用高产、优质的晚熟品种，一般为大紫红和美人红，能在 10 月份上市。种藕一般于临栽前挖起，挑选有该品种形态特征的较大子藕，重量在 250 克以上，并具有完整的两节。这样的种藕贮藏有较充足的养分，将来出苗生长健壮，栽植时间一般在 3 月下旬至 4 月上旬（谷雨前后），不宜太迟。栽植密度：行距为 2~3 米、列距为 0.5~1 米，每穴排 2 棵。一般每亩需种藕 200~300 千克。栽植时根据藕鞭走向，先将藕排好，然后将藕头埋入泥中 10~12 厘米深，再把节梢翘在水面上，以利用阳光提高土温，促进萌芽。藕田周边行的藕头一律朝向田内，以免莲藕伸出田外。

五、清塘与肥水

藕田的消毒施肥在放养小龙虾苗前的 10~15 天，每亩藕田用生石灰 100~150 千克，兑水全田泼洒，或选用其他药物，对藕田和饲养水坑、沟进行彻底清田消毒。对于养殖小龙虾的藕田，应以施基肥为主，每亩施有机肥 1500~2000 千克，也可以加施化肥，每亩面积用碳酸氢铵 20 千克，过磷酸钙 20 千克。基肥要施入藕田耕作层内，一次施足，减少日后施追肥的数量和次数。

有机肥作基肥，更有利于小龙虾天然饵料的繁衍，既降低了肥料成本，又可降低饵料成本。在种植子藕前半个月，施用发酵好的有机肥。施后深耕 20~30 厘米，耕细耙平，进水至水深 5~10 厘米。连作藕田要先清除田内老藕的花梗、花茎、莲鞭等残存物，再施入基肥。在使用基肥和追肥的过程中，搭配使用芽孢杆菌、EM 菌等有益微生物。有益微生物能够分解水体内的氨基酸肥料和多种有机物质，使其转化为藻类能够利用的小分子营养物质；或者有益微生物可附着在有机物质颗粒上，形成生物菌团，成为浮游动物的优质饵料。因此，在肥水过程中，或者在日常管理过程中，应勤使用有益菌，优化养殖环境。

六、日常投喂

对于藕田饲养的小龙虾，投喂饲料同样要遵循"四定"的投饲原则。投饲量依据藕田中天然饵料的多少与小龙虾的放养密度而定。投喂饲料要采取定点的办法，即在水较浅、靠近水沟水坑的区域拔掉一部分藕叶，使其形成明水区，投饲在此区内进行。在投喂饲料的整个过程中，遵守"开头少，中间多，后期少"的原则。

小龙虾成虾的养殖可直接投喂绞碎的米糠、豆饼、麸皮、杂鱼、螺蚌肉、蚕蛹、蚯蚓、屠宰场下脚料或配合饲料等，保持饲料蛋白质含量在 25% 左右。6~9 月的水温适宜，是小龙虾生长的旺期，一般每天投喂 2~3 次，时间在 9~10 时和日落前后或夜间，日投饲量为小龙虾体重的 5%~8%；其余季节每天可投喂一次，于日落前后进行，或根据摄食情况于第二天上午补喂一次，日投饲量为虾体重的 1%~3%。饲料应投在池塘四周浅水处，在小龙虾集中的地方可适当多投一些，以利于其摄食和饲养者检查吃食情况。

饲料投喂需注意：天气晴好时多投，高温闷热、连续阴雨天或水质过浓则少投；大批虾蜕壳时少投，蜕壳后多投。

七、日常管理

利用藕田养殖小龙虾的成功与否，取决于饲养管理的优劣。在藕田深灌及藕的生长旺季，由于藕田补施追肥及水面被藕叶覆盖，水体因光照不足及水质过肥，常呈灰白色或深褐色，水体缺氧，在后半夜尤为严重，此时小龙虾常会借助藕茎攀到水面，将身体侧卧，利用身体一侧的鳃直接进行空气呼吸，以维持生存。

在饲养过程中，要采取定期加水和排出部分老水的方法调节水质，保持田水溶氧量在 4 毫克/升以上，pH 值为 7.0~8.5，透明度为 35 厘米左右。每 15~20 天换水一次，每次换水量为池塘原水量的 1/3 左右。每 20 天泼洒一次石灰水，每次每亩用生石灰 10 千克，在改善池水水质的同时，增加池水中离子钙的含量，促进小龙虾蜕壳生长。

在对藕田进行施肥时，主要应协调处理好藕和虾的矛盾。在虾安全的前提下，允许进行一定浓度的施肥。养虾藕田的施肥，应以基肥为主，约占总施肥量的 70%，同时适当搭配化肥。施追肥时要注意气温低时多施，气温高时少施。为防止施肥对小龙虾的生长造成影响，可采取半边先施、半边后施的方法，交替进行。

八、捕捞

藕田中的小龙虾，可用虾笼等工具进行分期、分批捕捞，也可一次性捕捞。一次性捕捞是指在捕捞之前，将虾爱吃的动物性饲料集中投喂在水坑、水沟中，同时采取逐渐降低水位的方法，将虾集中在水坑、水沟中进行捕捞。藕田中捕捞的小龙虾主要用于春季卖苗和夏秋季节卖商品虾。

（1）春季 2、3 月，越冬小龙虾从这一时期开始起捕虾苗，苗种过多时，不论大小都要快速起捕上市，以防密度过大，影响规格和生长速度。虾苗密度降低后，种虾会再产出虾苗，补充养殖密度，因此，应该充分利用时间和池塘空间提升单位产量。藕田的虾苗上市是重要的经济来源之一。

（2）投喂优质饵料，促进龙虾快速生长，达到商品规格后，就开始用地笼网捕捞上市。因此，从 5~6 月开始，每天或隔天用地笼网捕捞商品虾上市。

第六节　工厂化养殖模式（可行性分析）

一、工厂化养殖的优势

（1）小龙虾生长周期短：小龙虾生长受温度影响很大，夏天高温时不生长，易生病；冬天低温约 4 至 5 个月需保暖避寒，一般露天土池塘或简易大棚养殖一年不会超过 2~3 茬小龙虾，养殖户最难解决的问题是目前小龙虾成熟上市的时间十分统一，市场竞争者多如牛毛。而在恒温车间里，把温度控制在 22~25℃范围内，适宜的环境促使小龙虾食欲旺盛，生长周期比常规室外养殖缩短了三分之一。一年可以产出 8~12 茬以上，可以根据客户需要，来确定放苗的规格，从而决定生产天数，及时上市，提高产量，增加效益。

（2）不受外塘天敌影响：露天池塘里，杂鱼、泥鳅、青蛙、老鼠、蛇、福寿螺、鸟类都是养殖小龙虾的大敌，不是抢夺龙虾饲料，就是吃龙虾幼苗或抱籽龙虾。我们试验得出的结论是，在没有防天敌措施的外池塘，与装有各种防天敌措施的外池塘，同样的人员管理、饲料、药品、苗种，一茬龙虾产量相差 50%以上。因此工厂化较大的优点是没有天敌危害，苗种好、病害也少，较大地提高了单位面积小龙虾的养殖产量，效益非常可观。

（3）养殖池的设置不受场地限制，使用安全、干净环保，不用大规模开挖，土建简易，可代替水泥池或聚丙烯材料的鱼虾池，可搭配循环过滤系统，砂质地、喀斯特地貌、少水地区和山边非耕地等适合建设养殖工厂。

二、工厂化养殖的问题

（1）固定投入成本高：相较于传统池塘养殖、稻田养殖以及藕田养殖场地的现成性，工厂化养殖需要租赁场地、购买设备、搭建水电系统等。

（2）小龙虾无法打洞：小龙虾天性喜好在水体底部或附件挖掘洞穴以供日常休息、躲避、交配等行为的使用。工厂化养殖因其材质的不可破坏性，使得小龙虾天性的行为得不到表达，可能会导致小龙虾生理机能的紊乱，影响产量甚至死亡。

（3）相互残杀死亡率高：由于工厂化养殖室内空间有限的特点，为了保证产量的高效，往往会导致饲养密度相较于传统养殖模式的高，使得小龙虾领地间的频繁交叉，直接导致争斗行为更加激烈。在打斗过程中不可避免地会出现个体的受伤乃至死亡，这也是工厂化养殖小龙虾的发展普及所要解决的一大难点。

第五章 小龙虾的病害防治

第一节 发病原因

一、环境因素

小龙虾作为甲壳动物，其生活环境与大多水生动物相近，影响其健康生长的主要环境因素为水质指标，包括水温、溶解氧、化学物质等。

1. 水温

小龙虾的生存水温为5～37℃，生长适宜水温为18～26℃。小龙虾为变温动物，在正常情况下，小龙虾体温随着水体温度的变化而变化，所以养殖水域的日温差不能过大，仔虾、幼虾的日温差不宜超过3℃，成虾不要超过5℃，否则，当水温发生急剧变化时，小龙虾机体容易产生应激反应而发生病理变化（图5-1）甚至死亡。养殖温度也不宜过低，小龙虾在1～7℃条件下会发生休眠现象。

2. 溶解氧

溶解氧含量作为与水生动物生存直接相关的指标，对小龙虾的生存至关重要。当溶解氧不足时，小龙虾的摄食量下降，生长缓慢，抗病力下降。当溶解氧严重不足时，小龙虾就会窒息死亡。虽然小龙虾的抗逆能力较强，对溶解氧有较好的耐受力，当水中溶解氧低于1毫克/升时仍能正常呼吸，但是小龙虾无法应对长时间的缺氧环境。另外，小龙虾在蜕壳、孵化、育苗期的需氧量明显增加，为了保证小龙虾养殖顺利进行，养殖水体的溶解氧含量应保持在4毫克/升以上。

一、白斑综合症

步足无力下垂

无力翻身

寄生大量纤毛虫

头胸甲易剥离

肠道无食

六、气泡病

二、烂鳃病

外观肌肉白浊

解剖见肌肉发白

病变细胞核肿大

鳃丝发黑、溃烂

三、肠炎病

尾扇边边缘肿胀

尾扇基部肿胀

肠道部分增粗、发红

病虾头胸甲前段凸起

四、甲壳溃疡病

甲壳有黑色溃病灶

溃病灶中心形成空洞

肌肉组织多气泡印记

鳃组织局部坏死，有气泡印记

五、纤毛虫病

七、缺氧上草

体表挂脏

鳃丝发黑

缺氧上草

图 5-1　小龙虾主要病害图示

3. 化学物质

人们的生产活动、周围环境、水源、生物活动（鱼虾类、浮游

82

生物、微生物等的活动)、底质等都会影响池水中化学成分的变化。池水中的有机物在分解时会大量消耗水中的溶解氧,同时还会放出硫化氢、沼气、二氧化碳、氨、亚硝酸盐等有害物质,使小龙虾受到毒害。长期不进行清塘,池底容易堆积大量没有分解的剩余饵料、水生动物粪便等,同时部分藻类因长时间光照不足及泥土的絮凝作用而下沉死亡,在微生物作用下进行厌氧分解,产生氨、亚硝酸盐、硫化氢等有害物质,水体中这些有害物质的浓度上升,超过一定浓度,会使养殖的小龙虾发生慢性或急性中毒,特别是正在蜕壳或刚完成蜕壳的小龙虾更容易死亡。

4. 重金属

小龙虾对环境中的重金属具有天然的富集功能。含有一些重金属毒物(铝、锌、汞)、氯化物、氟化物、硫化物、酚类、多氯联苯等物质的废水渗入虾塘后,通常从肝胰脏和鳃部进入小龙虾体内,并严重影响肝胰脏的正常功能,进而对小龙虾的健康造成影响。尽管小龙虾对重金属具有一定的耐受力,但是一旦养殖水体中的重金属超过小龙虾的耐受限度,也会导致小龙虾中毒死亡。工业污水中的汞、铜、锌、铅等重金属元素含量超标,是引起小龙虾重金属中毒的主要原因。

5. 化肥、农药

在稻田中养殖小龙虾时,一次性过量使用化肥(碳酸氢铵、氯化钾)可能引起小龙虾中毒。虾中毒后开始不安,随后疯狂倒游或在水面上蹦跳,直至无力静卧于池底死亡,或出现小龙虾竭力上爬,吐泡沫或上岸静卧,或者静卧在水生植物上的现象。小龙虾对菊酯类农药尤其敏感(如敌杀死),而预防水稻病害的许多农药都是菊酯类,因此,在养殖小龙虾时,切忌使用此类农药。

6. 酸碱度

小龙虾生长适宜的 pH 值范围为 6.5~9,但在其繁殖孵化期要求 pH 值在 7.0 以上,酸性水质不利于小龙虾的蜕壳、生长,而且会延长蜕壳时间或增加蜕壳死亡概率。

7. 总硬度

由于小龙虾生长蜕壳的需要，要求水体总硬度为 50~100 毫克/升，据资料报道：当水质总硬度低于 20 毫克/升时，小龙虾蜕壳受到显著影响；当水质总硬度提高到 50 毫克/升以上时，小龙虾的生长状况明显好转，蜕壳较顺利，生长速度也快。

8. 水体透明度

小龙虾的生长要求池塘水质"肥、活、嫩、爽"，透明度一般控制在 30~40 厘米。这样的水质既有利于培育水中浮游生物、底栖动物和水生植物，给小龙虾提供丰富的天然生物饲料，节约饲料成本，又使水体保持一定的磷、钙、钾含量，满足小龙虾蜕壳生长的需要。

此外，如平时没有进行正常的疾病预防，病后乱用药物；发病后未能做到准确诊断和必要的隔离；病死虾未及时处理，未感染的小龙虾由于摄食病虾尸体而被传染，这些都能导致疾病的发生或传播。

二、病原体及敌害生物

导致小龙虾生病的病原体有病毒、细菌、真菌、原生动物等，这些病原体是影响小龙虾健康生长的主要原因。当病原体在小龙虾体表上达到一定的数量时，就会导致小龙虾生病。

1. 病毒

当前研究表明，小龙虾体内存在的病毒种类有脱氧核糖核酸病毒、类病毒、核糖核酸病毒等。部分种类的病毒在虾体内广泛存在，例如，通常 100% 的小龙虾都可能携带有贵族螯虾杆状病毒，但往往是条件致病，即多为携带不发病的情况。有些病毒可能对小龙虾具有轻微致病性，部分病毒造成的死亡率较多，如寄生于小龙虾肠道的核内杆状病毒。同时，对虾白斑综合征病毒导致小龙虾大批死亡的案例也较多。据报道，将病毒感染的对虾组织投喂给小龙虾，可以经口将对虾白斑综合征病毒传染给小龙虾，并导致小龙虾患病死亡，死亡率高达 90% 以上。

此外，在恶劣的养殖环境下，即使毒力比较低的病原生物也可

  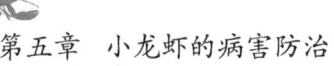

能引起小龙虾的疾病发生，或者给其正常的生长带来障碍。

2. 细菌

小龙虾的细菌性病原体主要有引起细菌性甲壳溃疡病的单胞菌属、假单胞菌属、枸橼酸菌属；引起烂鳃病的革兰氏阴性菌；引起菌血症的革兰氏阴性杆菌和引起细菌性肠道病的大肠杆菌等。多数细菌性疾病具有条件致病性，但由于养殖环境的恶化，其致病性增强，从而导致病害发生。

3. 真菌

真菌是经常报道的小龙虾最重要的病原生物之一。真菌感染有多种诱因，可以来自体内，也可以来自体外。体内诱因多是影响机体抵抗力的其他疾病；体外诱因如抗生素、免疫制剂的应用及外伤等，感染途径有内源性感染、外源性感染及条件致病菌感染。小龙虾的黑鳃病、水霉病、虾瘟疫和甲壳溃疡病（褐斑病）等就是由真菌感染所引起的。并且，同细菌引发的病害相似，真菌引起的小龙虾病害也与养殖环境恶化有关。可以通过采用改善养殖水体水质的措施，达到有效控制致病真菌蔓延的目的。

4. 寄生虫

寄生虫分为原生动物和后生动物。

原生动物寄生在小龙虾体表，虽然不会造成小龙虾死亡，但严重影响小龙虾的商品价值，主要包括累枝虫、聚缩虫、钟虫和单缩虫等原生纤毛虫，还有微孢子虫病原、胶孢子虫病原、四膜虫病原和离口虫病原等。可以通过改善环境，如换水或减少养殖水体中的有机物负荷来达到有效控制原生动物病的目的。

后生动物有寄生和共生两种存在方式，寄生种类主要包括复殖类（吸虫）、绦虫类（绦虫）、线虫类（蛔虫）和棘头虫类（新棘虫）等蠕虫；共生种类包括涡虫类切头虫、环节动物和几种节肢动物。大多数寄生的后生动物对小龙虾健康的影响不大，但大量寄生时可能导致小龙虾器官功能紊乱；当水质恶化时，小龙虾正常的生理状况受到影响的情况下，共生种类生物大量附着，才能引发疾病。

5. 立克次氏体

已经报道的在小龙虾体内发现的立克次氏体有两种类型，其中一种是在虾体内全身分布的，最近被命名为小龙虾立克次氏体，已被证明与小龙虾的大量死亡相关。

6. 敌害生物

另外，有一些直接吞食或直接危害小龙虾的敌害生物，如青蛙会吞食软壳小龙虾；池塘里如果有乌鳢生存，也会严重威胁到小龙虾的生存。

三、种质及生长因素

饲养小龙虾的苗种质量也是决定其抵御病害发生的重要决定性原因，自身体质的好坏是抵御外来病原菌的重要基础。此外，有研究表明，蜕壳期的小龙虾的免疫力与非蜕壳期存在差异，对疾病的抵抗能力弱得多。

四、人为因素

1. 操作不规范

在小龙虾养殖过程中，需给养虾池换水、清洗网箱、放养虾苗和虾种、轮捕轮放、捕大留小、运输等操作，有时会因操作不当或动作较重，导致小龙虾受伤，造成附肢缺损或自切损伤。病菌很容易从伤口侵入，使小龙虾患病。

2. 外部带入病原体

从天然水域中采集水草、捞取活饵或购买饵料生物时，没有经过严格的消毒与清洁工作就投放到小龙虾养殖水域中，就有可能带入病原体。

3. 饲喂不当

大规模养虾基本上是靠人工投喂饲养的。小龙虾生长需要一定的、合理的营养成分，如果投饵过少，饥一顿、饱一顿，不能满足小龙虾生长所需，小龙虾生长缓慢、体弱，容易患病。如果长期投喂营养成分单一的饲料，缺乏合理的蛋白质、维生素、微量元素等，

小龙虾就会缺乏营养，造成体质衰弱，免疫力下降，也很容易感染疾病。如果投饵过多，造成饵料在水中腐烂变质，水质恶化，加快细菌繁殖，或投喂不清洁、变质的饲料，小龙虾也很容易生病。因此，合理投喂饵料是小龙虾健康生长的重要保障。

4. 清塘消毒不当

放养前，虾池清整不彻底，腐殖质过多，使水质恶化；放养时，虾种体表没有进行严格消毒；放养后没有及时对虾体和水体进行消毒，这些都给病原体的繁殖与感染创造了条件。引种时未进行消毒，可能把病原体带入虾池，在环境条件适宜时，病原体迅速繁殖，部分体弱的小龙虾就容易患病。刚建的新虾池，未用清水浸泡一段时间就放水养虾，可能使小龙虾对水体不适而患病。食场、食物、工具等日常的消毒不够，会大大增加虾的发病率。患病的养殖池使用的工具不实行专池专用，也能使病原体重复感染或交叉感染。

5. 放养密度不当和混养比例不合理

合理的放养密度和混养比例有助于提高水体的利用率，达到增加虾产量的目的。但放养密度过大，混养的品种、数量过多，则会加重水体的负荷，造成缺氧，并降低饵料的利用率，引起小龙虾的生长速度快慢不一，个体大小差异明显。虾由于缺乏正常的活动空间，加之代谢物增多等原因，正常摄食生长会受到影响，抵抗力不断下降，发病率增高。另外，将不同规格的虾同池饲养，在饵料不足的情况下易发生小龙虾以大欺小、相互咬伤的现象，为病原菌进入虾体打开"缺口"，直接提升发病率。因此，鱼、虾类在混养时，应注意比例和规格是否合宜，比例不当则不利于小龙虾的生长。

6. 水质控制不好

小龙虾喜欢清新的水质，在小龙虾养殖过程中，单位水体内载虾量过多，易导致小龙虾生存的生态环境逐渐恶劣。如果不及时换水或不定期使用水质调节剂，虾和鱼的排泄物、分泌物过多，二氧化碳、氨氮增多，微生物滋生，蓝绿藻类、浮游植物生长过多，腐烂的水草不及时捞走，增氧设施不合理使用，就很难控制好水质，容易滋生各种病原体。

7. 饲养池设计不合理及进、排水系统不独立

饲养池底部设计不合理，不利于彻底排除池中的残饵、污物，易引起水质恶化而导致虾发病。由于进、排水使用同一条管道，往往造成一池虾生病感染，所有虾池的虾都生病感染的现象，在大面积精养或水流池养殖时，更要注意预防。

第二节　病害观察及诊断方法

常见虾病的发病部位表现在体表、附肢和头胸甲内，目检能直接看到小龙虾的病状和寄生虫情况。但为了诊断准确，还要深入现场观察。

一、现场调查

通过现场调查，了解死亡率增高的原因。看是否存在运输苗种过程中，苗种长时间堆积，运输时间过长，上、下搬运，放养时水温温差过大等问题。要注意的是，在冲换新水时，水流过急也会造成虾的肢体脱落。此外，底质和水质恶化，pH 值太高或太低，换水温差过大、水质过肥，喂饵过量，饲料、有毒物质随肥料带进，饲料营养不全面、水体缺氧以及水体被污染等，都会引起虾的死亡。

1. 发病情况及病因调查

主要应包括以下各项。

（1）发病时间。在一天内发病的时间不同，引起疾病的原因也不同。

（2）发病时的气象条件。气温剧降、台风或暴雨，这些情况均可能是疾病的诱因。

（3）发病动物的表现。哪些小龙虾发病，发病前的异常表现，病体行为上有无异常，每天死亡的情况（包括种类和数量）等。

（4）采取过的预防措施。使用过什么药，用药量多少，用药方法等。这些情况主要用于区分是否已对症下药或用法不当。

2. 水质调查和分析

按以下步骤进行。

（1）调查水色变化的情况。池水颜色变化能反映生物的活动变化情况。一般调查发病前后水质的变化，水色变黑、变蓝和变红等都是异常的。如果水色变得清、白，则说明虾池已受毒物污染，或有毒藻类死亡后消耗氧气太多，池中藻类死亡下沉，威胁到虾的生存；如果池水浓而绿，而虾的活动却很迟缓，则有可能是虾受到有毒藻类分泌的毒液的侵害，个别虾会死亡。这时应及时换水，调节池塘的生态环境。

（2）判断水的气味。水的气味变化往往突出显示着水质的变化。如在池旁闻到水有臭味，可知池中有机物已腐败变质，水中溶氧已被耗尽，有毒物质滋生，水质已恶变。

（3）分析水质化学。从现场采取合格水样，对溶氧量、盐度、总氮和氨氮含量、硫化物和酸碱度等指标进行分析，如果这些项目的数据超出正常范围，或某一数值超过临界点，便可考虑为水质异常，这将导致养殖动物生病或死亡。水质因子的分析，可当作养殖动物发病原因分析和治疗时的重要参考。当排除这一因素后，能更准确地诊断出病因。

3. 养殖环境调查

一般需调查水源中有无污染源、水质的好坏、水温的变化及养殖池周围的农田施放农药等情况。必须对池塘的底质进行一定的了解：是否有过多的淤泥，池底是否有某种水产动物寄生虫的中间宿主，寄生虫的终末宿主等。水源中如有污染源，可引起水产动物中毒死亡；如果池底的有毒物质含量过高，也可能引起水产动物生长障碍甚至死亡；如果养殖区域有很多鸥鸟栖息，池塘内又有椎实螺，就说明养殖鱼类患双穴吸虫病的可能性较大。

4. 饲养管理情况调查

调查的项目包括清塘的药品和方法，养殖的种类和来源，放养的密度，放养对象是否经过消毒以及消毒药品种类和消毒方法，饲料的种类、来源和投喂量等。放养前的池塘如果未经彻底消毒，就不能排除上一个养殖周期发生的疾病再次发生；如果投喂的饲料已变质，则可能导致消化系统疾病、食物中毒或摄食减弱。此外，残余的饲料也会引起水质恶化、缺氧和有毒物质的产生，不但影响水产养殖动物机体的健康，也为病原体的繁殖创造了有利条件，导致水产养殖动物发病和死亡；如果苗种来自外地，而又未经预先抽样检查，对放养前的苗种带虫、毒的情况不清楚，外地流行的疾病就可能被带入本地。

为了了解曾经采取过的防治措施，必须知道曾经用过的药物和养殖者提供的情况是否相符，了解药物是否失效，剂量是否准确。同样，必须实地调查水质条件，了解排注水的情况，才能清楚导致发病的环境因素。

在实地调查时，为了使诊断工作准确、迅速，调查访问和病体检查需交替进行。一般不会是先完成全部调查访问，再进行检查。也不可能检查全部病体后再去调查访问。等全部调查工作做好后再进行病体检查，就会耽误时间。尤其在夏天，送检的病体应抓紧时间检查。否则病体可能会变质、腐烂或死亡，就无法检查了。这种情况应先进行检查，或在检查的同时询问养殖者。

通过上述过程，归纳分析可能的致病原因，排除非病原生物致病因素，若还存在这样的情况，病体检查找不出发病的原因，这时就需要通过调查访问来获得信息。

二、病虾观察检查和病原体鉴定

1. 病虾观察检查

已患疾病的小龙虾，其体质明显瘦弱，并且体色变黑，活动缓慢，有时群集一团，有时乱窜不安，这可能是因为寄生虫的侵袭或水中含有危害物质。如果虾体患病，可对周围水体环境的变化做出相应的反应。疾病发生过程可分为急性和慢性。如果观察到虾处于不安状态，浮游于水面，时而跳蹿，朝着进水口游动或聚集在一边，则表示池水中已有有毒物质产生；如果浮游于水面的虾，经惊扰而不下沉，或沉之又起，或侧卧岸边、浅滩或水草上，甚至跳滩上岸，

则表示水中氧气不足，已引起浮头现象；如果虾体色灰暗，离群索居，且体表有异物附着，活动减弱，在池边陆续发现死虾，则是虾患有慢性疾病的证明；如果虾体质和体色与正常虾相差不大，但病变部位有些改变，死亡率较高，则为急性疾病。

病理检查的范围很广，包括外部症状检查、内部症状检查、病原体鉴定及组织病理学检查。首先，应确保正确取样，样本有一定的数量，症状才有代表性；其次，观察病虾的行为、活动情况，如在水中及离水后的情况，再检查体表是否有附着物，附着物的颜色、形态等；最后，检查体表的颜色、斑块，检查有无损伤、穿孔等。以上的检查可帮助鉴定虾体是否遭遇体外寄生物、霉菌或细菌等的侵害。

病体检查的步骤一般是由表及里，即先检查病体的体表，再检查病体的内脏和器官。每个组织器官的检查必须先用肉眼观察（目检），再用显微镜观察（镜检）。目检和镜检是相辅相成的，不能彼此替代。

肉眼检查法：病原体寄生在虾体后经常会表现出一定的病理变化，有时症状很明显，用肉眼就可诊断，例如水霉、大型的原生动物和甲壳类动物等。

显微镜检查法（镜检法）：对于没有显著症状的疾病，以及症状明显但凭肉眼判别不出病原体的疾病，需要用显微镜检查，检查方法有以下两种。

（1）玻片压展法：用两片厚度为 3~4 毫米、大小约 6 厘米×12 厘米的玻片，先将要检查的器官或组织的一部分、或从体表刮下的黏液、或从肠管里取出的内含物等，放在其中的一片玻片上，滴加适量的清水或食盐水（体外器官或黏液用清水，体内器官、组织或内含物用 0.65% 的食盐水），用另一片玻片将它压成透明的薄层，即可放在解剖镜或低倍显微镜下检查，如发现病原体或某些可疑的病状，细心地用镊子、解剖针或微吸管，将其从薄层中取出来，放在盛有清水或食盐水的培养皿里，待以后作进一步察看和判断。

（2）载玻片压展法：用小剪刀或镊子取出一小块组织或一小滴

内含物置于载玻片上，滴加一小滴水或生理盐水，盖上盖玻片，轻轻地压平后，先在低倍显微镜下检查，发现寄生虫或可疑景象时，再用高倍显微镜细心检查。

具体的检查顺序和方法如下。

（1）整体观察。及时从虾池中捞出濒死病虾或刚死不久的病虾，将虾病体放在白色的瓷盘中进行整体观察。从头胸甲、腹部、尾部及螯足、步足、附肢等按顺序仔细观察。记录下病体的种类、个体的大小和体重。

（2）体表观察。首先要观察病体的体色有无异常，甲壳、眼睛和附肢等是否正常，有无异物附着。虾若患病往往可以观察到甲壳色泽发生变化，如甲壳上出现黑斑、白斑或白色小点，或甲壳泛出红色等；有时还表现为甲壳、附肢或眼睛溃疡、变色、穿孔及附肢缺损等症状。发现可疑症状后可用镊子夹取一点黏液和病变部位的残片或附着物，进行镜检。

（3）鳃部检查。水产动物疾病诊断时不可缺少的一个步骤是对水产动物病体的鳃部进行检查。目检时若未发现异常，就必须进行镜检，尤其是对虾的苗种进行病体检查时更要按照这种方法。

鳃部检查的重点是检查鳃丝，看鳃丝颜色（如黑鳃病往往表现为鳃丝发黑），鳃丝是否有肿大腐烂现象，颜色发白还是发黄，是否有寄生物、附着物存在。必要时还可用解剖镜观察。先用肉眼观察鳃部是否有鳃丝肿胀、色泽变深或变淡等异常情况，然后剪取一些鳃丝放在预先滴有水滴（用蒸馏水或自来水）的载玻片上，盖上盖玻片，做成一个简单的水浸片，进行镜检。

（4）内脏检查。检查虾体内脏时，要将虾的头胸甲打开，使内脏各组织器官完全暴露，各个脏器要分开检查，观察各个内脏器官发生异常变化与否。如未发现异常，可检查其消化道。检查时将肠道剖开，检查消化道内有无食物，食物种类包括哪些，再观察内壁有无异常等；然后将从可疑部位刮取的黏液或一些病变组织放在加有生理盐水的载玻片上，加盖盖玻片、压平后进行镜检。将整个消化道分为前、中、后3段，分别刮取黏液进行镜检；最后把肠放入

盛有生理盐水的培养皿中并刮下肠内壁的全部黏液，适当搅拌使之在生理盐水内稀释，取出肠道，静置几分钟后轻轻倒去上清液，再加入生理盐水，反复几次直到上清液变清为止，再将沉淀物吸入几个培养器中，在光线亮的地方用肉眼仔细观察，或在解剖镜下检查。

在对虾类病体的内脏进行检查时，对生殖腺、心脏、肝胰腺和消化道的检查与鱼的病体检查基本相同。在对排泄器官进行检查时，应先观察第二触角基节处是否有变黑、坏死的症状。如发现有病变，应对排泄器官进行剖检，或用 FAA 液（福尔马林—醋酸—酒精固定液）固定，进行组织切片检查。对虾类进行血淋巴检查时，应先将其头胸甲洗净，再用纱布将水吸干，在头胸甲的中心区钻一小孔，将小型注射器或尖头吸管插入围心窦，吸取少量的血淋巴滴在载玻片上，立即盖好盖玻片进行镜检。对血淋巴做细菌的分离培养时，则必须对虾的头胸甲及使用工具进行彻底的消毒。

（5）病体检查的注意事项。①挑选那些病情较重、症状典型或濒临死亡但并未死亡的个体作为送检对象，死后不久的个体也可以。这就要求检查工作最好在现场进行。②病体检查时尽量多检查一些患病个体比较好。一般来说，被检查的个体越多，诊断准确的可能性越大。在混养池塘，还应检查不同种类的病体，以某一种水产动物的病体来代替另一类水产动物的病体是不行的。病体解剖检查时要十分细致，必须将解剖工具清洗干净，解剖工具不能沾有药品，每一病体及每一器官的解剖工具都是如此。解剖内脏时要防止剪破内脏，尤其避免消化道内的脏物污染其他内脏器官。③检查淡水虾病体时，如果有必要的话可用自来水清洗体表和鳃部。在检查内脏时，则不论对象的种类如何，都必须搭配与之相适应的生理盐水。④镜检的病体组织、黏液、薄面必须透光。如果组织堆积在一起，可用自来水或生理盐水稀释化开，压上盖玻片，压平制成水浸片即可观察。

在对病体检查和调查时，如果发现病体同时被几种寄生虫寄生或同时患几种疾病时，都应记录下来，那些危害程度严重、发病急的病应最先进行治疗。

2. 病原体的鉴定

对于有些虾病，需借助解剖镜、光学显微镜才能对其进行更深入的病原、病理检查。它们不属于凭目检就可准确诊断的比较明显的、病情较单一的疾病，而要进行镜检才能确诊。有的还要进一步采用电镜检查和组织、细胞培养等才能确定病原体。

镜检是有选择地进行的，一般只检查目检时所确定的病变部位。检查的部位和顺序也与目检相同。检查方法：从病变部位取少量组织或附着物，置于载玻片上。鳃的组织或体表附着物可加上少量的自来水。内脏组织应加少量生理盐水（0.85%食盐水），然后加盖玻片，并压平置于光学显微镜下观察。为保准确，在每个病变部位至少检查3处。

当同一养殖水体存在两种以上病原体时，就需对各种病原体及其感染强度、对虾的危害程度进行分析判断，以便确定主要病原体和次要病原体，制订进一步的管理措施和治疗措施，可杀灭主要病原体，并对次要病原体分别采取治疗或隔离的措施。

对于虾患细菌性和病毒性疾病的情况，临床诊断时，如果仅凭肉眼观察内脏器官的病变症状，很难做出准确诊断。要准确诊断这些病，尤其对症状类似的病的诊断，需要通过微生物学、血清学检查和PCR技术等手段进行判断。例如，采用荧光抗体法、酶抗体法、酶联免疫吸附试验、点酶法、中和试验法、血清凝集试验法、病原分离培养及病理诊断等比较复杂的方法，对病原体进行诊断。实际生产中，养殖场和一般的疾病诊断部门不可能做这样的诊断。只有有条件的研究所或高等院校的微生物实验室可对病虾样本进行鉴定。

诊断中毒或营养性疾病时还需对饲料、池水和虾体等进行综合分析；肿瘤病则需通过组织切片来确诊。

整个诊断过程中，应将调查到的第一手资料，结合各种病害的流行季节、不同阶段的发病规律，综合分析进行比较。这样方可找出病因，准确诊断，确定治疗方案，对症下药。要对整个诊断、治疗过程中所得的数据、资料、分析结果进行记录，及时总结，积累相关经验。

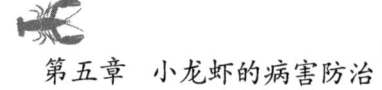

第三节 病害防治措施

一、防治原则

小龙虾的病害防治应以防重于治、防治相结合为原则，贯彻全面预防、积极治疗的方针。必须坚持防重于治的原则有以下几点原因。

首先，在早期难以发现小龙虾发病，因此给诊断和治疗带来麻烦。由于生活在水中，它们的活动、摄食等情况不易看清楚，给正确诊断增加了困难。另外，治疗虾病还存在许多困难，家畜、家禽可以采用口服或注射法进行治疗，但对病虾，特别是幼虾，这些方法根本无法采用。

其次，由于小龙虾发病以后，大多数停止摄食，也无法强迫它们摄食和服药。因此，患病后的小龙虾很难得到应有的营养和药物治疗。只有尚在摄食的病虾，才可对其使用口服法治疗。

再次，小龙虾的养殖规模较大时，当发现有小龙虾发病时，就表明全塘的小龙虾都有感染的可能。若将药物混入饵料中投喂，结果常常是没有患病的虾吃得多，病情越重的虾反而吃得少，药物在患病虾的体内无法达到治疗的剂量。另外，某些虾病发生以后（如患肠炎病的病虾已失去食欲），即便是特效药，也不能进入虾体内。

最后，虾病蔓延迅速。一旦有几尾虾发病，往往会对全池造成灾难性的影响。更让养殖户忧心的是，现在专门为虾类研制的特效药非常少见，相当一部分虾药还是沿用兽药。

由于以上原因，在治疗虾病时，想要做到次次都根治虾病是不可能的。因此，预防虾病才是主要的。一般对病虾的治疗，主要目的也只是在以下方面：防止同一水体中尚未患病的虾受感染；治疗病情较轻的虾；治疗处于潜伏感染的小龙虾。实际上，病情严重的虾是很难恢复健康的。实践表明，在饲养管理中贯彻"以防为主"的方针，做好相应预防工作，预防虾病的发生才有可能实现。

二、防治措施

目前常用的综合防治措施如下。

1. 生态预防

（1）选择适宜的养殖地点。要求养殖地点地势平缓，以黏性土质为佳。建造的池塘坡比为 1:1.5，水深为 1.0~1.8 米。水源要求无污染，pH 为 6.5~8.5，水体总碱度不要低于 50 毫克/升。为保证有足够的地方供种虾掘洞，同时也要进、排水方便，面积比较大的水域可在池中间构筑多道池埂，所筑之埂，有一端不与池埂连接，使之相通，不阻隔小龙虾的活动与觅食。这样，在养殖密度较高时，通过一个注水口即可使整个池水处于微循环状态，便于管理。

（2）种植或移植水草。小龙虾生长所需的水草来源：一是人工种植水草，二是利用天然生长的水草，三是利用水稻、水芹等人工种植的经济作物。池塘种植的水草种类主要是轮叶黑藻、伊乐藻、苦草等，可以 2 种水草兼种，即轮叶黑藻和苦草或者伊乐藻和苦草兼种。水草覆盖面积为池塘面积的 2/3。如果因小龙虾吃光水草或其他原因导致水草被破坏，应及时移植水花生、凤眼莲等。

（3）调控水质。在小龙虾养殖过程中，应注意水体水质的变化，一定要杜绝和防止引入工厂废水，必须使用符合质量要求的水源。勿使水质过肥，经常加注新水，保持水质肥、活、嫩、爽，减少粪便和污物在水中腐败分解而释放有害气体的现象。

在 6~9 月高温季节，每 7~10 天加注新水一次，每次加水深为 20~30 厘米，减少粪便和污物在水中分解产生有毒、有害物质，早春与晚秋时也要每隔 10~15 天加新水一次，每次加水深为 20~30 厘米。

在致病前，大部分病原体都处在一种不活跃或十分不活跃的状态。疾病的发生和传播，往往是病原体数量剧增、致病力大大加强的缘故。在控制病原体的同时，应考虑如何利用足量的有益微生物抑制病原体的增长，使虾养殖水体中的各种微生物处在相互竞争、相互制约、相互利用的平衡状态。

可定期施用芽孢杆菌、EM 菌、光合细菌等有益微生态制剂调节水质，投喂有利于有益微生物生长繁殖的添加剂（如多聚寡糖等），用窄谱性抗微生物药物限制有害微生物的生长，帮助有益的、中性的或其他微生物获得较大的繁殖空间，使养殖虾处于良好的生态环境中（如水质良好、水草丰盛等）。加强饲养管理，使养殖虾体内外的有益微生物种群常常处于优势。微生态制剂一般在施用消毒药 3天后使用。在养殖中后期，尤其在高温季节，更要增加微生态制剂的用量，避免采取高强度与高频率的用药和片面强调杀灭病原体，减少消毒药的使用。

2. 免疫预防

目前，关于水产甲壳动物的机体防御机制尚未完全明确，能准确把握甲壳动物健康状态的科学方法也尚待确立，这给确立水产甲壳动物的免疫防疫对策造成了一定的障碍。

近年来，面对世界各地水产养殖甲壳动物各种疾病的频发，人们逐渐意识到了解水产甲壳动物的各种疾病及阐明对这些疾病的机体防御机能的重要性。

现有资料表明，甲壳动物的机体防御系统与脊椎动物一样，主要包括细胞和体液因子。由于一部分体液因子是在细胞内产生并储藏在细胞内发挥作用的，所以将这两种免疫防御因子严格区分是很困难的。免疫细胞主要是介导血细胞和固着性细胞的吞噬活性，以及由血细胞产生的包围化及结节形成现象；体液因子主要介导酚氧化酶前体活化系统、植物凝血素和杀菌素等。

3. 药物预防

药物预防是对生态预防和免疫预防的应急性补充预防措施，原则上对小龙虾疾病的预防是不能依赖药物的。这是因为除了部分消毒剂外，采用任何药物预防，都有可能污染养殖水体或导致对致病生物产生耐药性。因此，药物预防只是在不得已的情况下采取的措施。

药物选用需要遵循的 4 项基本原则如下。

（1）有效性原则。为帮助患病小龙虾尽快好转和恢复健康，使生产上和经济上的损失减少，用药时应针对小龙虾的病症，尽量选择高效、速效和长效的药物，药品的有效率应在70%以上。

（2）安全性原则。药物的安全性主要表现在以下3个方面：一是药物在杀灭或抑制病原体时，在有效浓度范围内对小龙虾本身是低毒或没有毒性的。有的药物疗效虽然好，但因毒性太大在选药时必须放弃，而用疗效居次、毒性较小的药物取而代之；二是药物对水体微生态结构的破坏程度小，对水域环境不构成污染；三是药物对人体健康的影响程度小。在起捕、售卖小龙虾之前应停药一段时间，尽量控制使用药物，特别是孔雀石绿、呋喃丹、敌敌畏、六六六等被确认有致癌作用的药物，坚决不得使用。

（3）廉价性原则。选用药物时应多做比较，尽量选用成本低、疗效好的药物。许多药物成分相似、疗效相当，但价格悬殊，因此要慎重选择药物。

（4）方便性原则。因给小龙虾用药极不方便，养殖者可根据养殖品种以及水域情况，确定是使用泼洒法、口服法还是浸泡法给药。以疗效好、安全、使用方便为用药原则。

在防治小龙虾的疾病时，不同的剂量、不同的用药方式，对药效的影响也不同。不同的剂量不仅会使药物作用强度产生变化，甚至还会促使药物性质变化。药物剂量过小，对小龙虾疾病的防治不起任何作用。一般将能对病虾产生作用的最小剂量称为最小有效量；当药物持续运用到一定量，甚至达到小龙虾所能忍受的最大剂量但小龙虾并没有发生中毒时，此时的最大剂量称为最大耐受量。在防治虾病时，药物的使用范围都要确定在最小有效量和最大耐受量之间，即所谓的安全范围。在这个范围内，随着药物剂量的增加药效也随之增加。在具体应用时，还须灵活掌握剂量，这还与小龙虾的健康状况、使用环境、药物剂量等多种因素有密切关联。

4. 主要的药物类型

（1）外用药物预防。泼洒聚维酮碘、季铵盐络合碘或单元包装二氧化氯，每10天泼洒1次，可交替使用，先算出水的体积。水的体积可用水体的面积乘以水深得出，再根据施药的浓度算出药量。

如果施药的浓度为 1 毫克/升，则 1 立方米水体应用 1 克药。

如某虾池长 100 米，宽 40 米，平均水深 1.2 米，那么虾池水体的体积是 100 米×40 米×1.2 米＝4800 立方米。假设某种药的用药浓度为 0.5 克/立方米，那么按规定的浓度算出的用药量应为 4800×0.5＝2400（克），即该小龙虾池塘需用药的量为 2400 克。

（2）内服药物预防。对于没有发病的小龙虾，可以在饲料中添加免疫活性物质及中草药进行预防，如 β-葡聚糖、壳聚糖、多种维生素合剂、各类中草药等，可提高小龙虾的抗病力。中草药种类繁多，结构复杂，成分多样。研究表明，中草药不但含有大量的生物碱、挥发油、苷类、有机酸、鞣质、多糖、多种免疫活性物质和一些未知的促生长的活性物质，而且还含有一定量的蛋白质、氨基酸、糖类、矿物质、维生素、油脂、植物色素等营养物质。这些成分可以促进动物机体的新陈代谢和蛋白质、酶的合成，从而加速水产动物的生长发育，提高免疫力，增强体质，降低疾病发生率和死亡率。

在用药前，先要比较精确地估算出养殖水体中小龙虾的总重量，根据用药标准，计算出给药量的多少，再根据天气、生存的环境条件、小龙虾的吃食情况确定小龙虾的投饵量，最后将药物均匀混入饲料中制成药饵进行投喂，通常情况下，我们制作的药饵量要小于投喂药饵前的投喂量，只占正常投喂量的 80%左右，这样，有利于药物被小龙虾全面摄入，确保疗效正常发挥。

5. 常用给药方法

（1）挂袋（篓）法。挂袋（篓）法主要是对小龙虾进行局部药浴。用药时把药物尤其是中草药放在自制布袋、竹篓里，挂在投饵区中形成一个药液区。当小龙虾进入食区或食台时，得到消毒和杀灭体外病原体的机会。一般要连续挂 3 天，常用药物为漂白粉。另外，池塘四角水体循环不畅通时，容易滋生病菌、病毒；在靠近底质的深层水体中有大量病菌、病毒存在；固定食场的附近，小龙虾和混养鱼的排泄物、残剩饲料集中，病原物密度较大。必须在这些地方泼洒药物进行消毒，还要局部挂袋，这比重复多次泼洒药物有用得多。但此法只在预防及疾病的早期治疗时适用。优点包括用药

量少，操作简便，没有危险且副作用小。缺点是不能彻底杀灭病原体，因为它只能杀死食场附近水体的病原体和常来吃食的小龙虾体表的病原体。

（2）药浴（浸洗）法。使用药浴（浸洗）法时，先将小龙虾集中到一个较小的容器中，放在按特定比例配制的药液中短时间强迫浸浴，以杀灭小龙虾体表和鳃上的病原体。此法可在小龙虾苗种放养时进行消毒。浴洗法有用药量少，准确性高，不影响水体中浮游生物生长的优点。缺点是不能彻底杀灭水体中的病原体，所以通常配合转池或在运输前后预防、消毒时使用。

（3）内服法。将预防或治疗小龙虾疾病的药物或疫苗掺入小龙虾喜欢吃的饲料中，或者将粉状的饲料挤压成颗粒状、片状后投喂给小龙虾，小龙虾通过吃饲料将药物吃进体内，从而杀灭小龙虾体内的病原体。此方法用于预防疾病或治疗虾病的初期。这种方法的前提是小龙虾自身必须有一定的食欲，一旦小龙虾失去食欲，此法就不起作用了。

（4）全池泼洒法。根据小龙虾的病情及水体的体积计算出药物剂量，再配置成特定浓度的药液向虾池内全池泼洒，使池水中的药液达到一定浓度，从而杀灭小龙虾体内外及水体中的病原体。全池泼洒法的优点是杀灭病原体较为彻底，预防、治疗均适用。缺点是用药量大，在杀死病原体的同时，也杀死了水体中的浮游生物，且对水质有影响。

（5）浸沤法。将草药扎捆浸沤在虾池的上风头或分成数堆，可杀死水体中和小龙虾体外的病原体。此法操作简单、用药成本低，但只适用于可用中草药预防的虾病。

（6）生物载体法。生物载体法即生物胶囊法。当小龙虾生病时，食欲都会下降，要想让小龙虾摄食药饵较为困难，如果将药包在小龙虾喜欢吃的食物中，特别是鲜活饵料中，可避免药物异味引起小龙虾厌食，药物很容易地就被小龙虾吃进体内，生物载体法就是利用饵料生物作为运载工具将一些特定的物质或药物摄取后，再由小龙虾捕食进入体内，经消化吸收而达到治疗疾病的目的。这类载体

 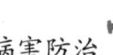

的饵料生物有丰年虫、轮虫、水蚤、蝇蛆及面包虫等。常用的生物载体是丰年虫。

6. 加强饲养管理

小龙虾发生病害,多半是由饲养管理不当造成的。因此,加强饲养管理,改善水质环境,做好"四定"的投饲技术,是防病的重要措施之一。

定质:饲料要新鲜清洁,不喂腐烂变质的饲料。应使用有信誉、有实力的饲料厂家生产的符合质量标准的优质全价配合饲料,并在饲料中添加免疫增强剂、微生态制剂等,以增强虾的抗病能力。

定量:根据不同季节、不同气候、小龙虾食欲反应的不同和水质情况的差异适量投饵。喂养时,要根据水温、天气、水质和虾的摄食活动等情况合理投喂,既要保证虾吃好、吃饱,又不能过量投喂,并及时清理吃剩的饲料和其他污物。

定时:投饲要在一定的时间段里。

定点:设置固定的饵料台,以便观察小龙虾的吃食情况,及时查看小龙虾的摄食能力及有无病症,也方便对食场进行定期消毒。由于鲜活饵料杂质大、味道浓、水分多,容易变质,投入虾池后易造成水质恶化,也容易诱发虾病,因此,养殖小龙虾时尽可能少喂、不喂动物性饵料,如螺、蚬肉等。在培育虾苗之前,必须在养殖水域中预先培育幼体适口的活饵料,如单细胞藻类、轮虫和枝角类等。这些活饵料被幼体所喜食,不会污染水质,在水体中的分散性好,比人工制作的饵料(如豆浆、蛋黄、蛋羹和鱼粉等)好。

水体中的营养成分会被浮游生物在繁殖生长时利用,这有利于改良水质。可以用施肥的方式在养殖塘中培育浮游生物,也可在配套塘中培育,然后用浮游生物网捞出投喂,这种活饵料被称为基础饵料。基础饵料可使虾健康生长,是幼苗方便摄食、适口又有营养的饵料。

为保持池水中浮游生物的数量,不要等到水色变浅才追肥,应勤施少施,使水色始终保持黄褐色或黄绿色。水质达到肥而爽,形成"活水、绿水"的环境,有效抑制有害微生物的繁衍,减少污染。

7. 培育和放养健壮苗种

放养时，要选择健壮和不带病原体的小龙虾苗种，这是养殖成功的基础，培育的技巧有以下 7 点：一是亲本无毒；二是对进入产卵池的亲本进行严格的消毒，杀灭可能携带的病原体；三是孵化设施要进行消毒；四是要保证育苗用水的洁净；五是尽可能不用或少用抗生素；六是培育期间饵料要优质，不能投喂变质腐败的饵料；七是合理放养，减少小龙虾自身的应激反应。这包含两项内容：一是放养小龙虾的密度要恰当；二是混养的水生动植物种类要做到合理科学。合理放养是对养殖环境的一种优化管理，可以促进生态平衡，还可保持养殖水体中的正常菌群，调节微生态平衡，对预防传染病的暴发和流行作用明显。

8. 控制养殖密度，实施轮养与休养

养殖密度控制在合理的范围内，是淡水虾防病的关键点之一。实践证明，养殖密度越高水质变化越快，虾的疾病发病率也就越高；如果虾苗放养密度小，水质变化就慢，虾的病害就少。合理的养殖密度可帮助养殖者获得最大的效益、促进淡水虾养殖持续稳步发展。因此，要控制好虾苗的放养密度，根据养殖管理技术水平和池塘的条件，合理密养。

另外，有些病原体对寄主具有严格的选择性，为了使养殖生态环境得以修复并维护产品和环境的安全，有条件的情况下，最好进行轮养与休养。

9. 增强对蜕壳小龙虾的保护

蜕壳对甲壳动物的生长发育意义重大，只有蜕壳才能长大，龙虾也只有在适宜的蜕壳环境中才能正常顺利地蜕壳。实际生产中，小龙虾需要浅水、弱光、安静、水质清新的环境和营养全面的优质适口饵料。如果不能满足上述生态要求，龙虾就不易蜕壳或造成蜕壳不遂而死亡。小龙虾蜕壳后，机体组织需要吸水膨胀，此时其身体柔软无力，俗称软壳虾，需要在原地休息 40 分钟左右才能爬动，钻入隐蔽处或洞穴中，故此时的小龙虾极易受同类或其他敌害生物的侵袭。因此，每一次蜕壳，对龙虾来说都是一次生死难关。特别

是每一次蜕壳后的 40 分钟，龙虾完全丧失抵御敌害和回避不良环境的能力。在人工养殖时，促进龙虾同步蜕壳和保护软壳虾是提高龙虾成活率的技术关键之一。

针对蜕壳期小龙虾的管理，应当遵循以下 5 个原则：一是为龙虾蜕壳提供良好的环境，给予其适宜的水温、隐蔽场所和充足的溶氧，建池时留出一定面积的浅水区，供龙虾蜕壳。二是放养密度合理，以免因密度过大而造成相互残杀。三是放养规格尽量一致。四是每次蜕壳来临前，要投放含有钙质和蜕壳素的配合饲料，力求同步蜕壳。五是蜕壳期间，需保持水位稳定，一般不需换水，可以临时提供一些水花生、水浮莲等作为蜕壳场所，并保持安静。

第四节　常见疾病的诊断和针对性防治手段

小龙虾适应环境的能力较强，但在人工养殖条件下，由于养殖密度大、投喂不当、水质恶化等因素，小龙虾养殖过程中时常出现病害影响养殖产量和效益。下面介绍小龙虾的几种常见疾病的诊断及防治方法。

一、病毒性疾病——白斑综合症病毒病

【病原体】白斑综合症病毒。

【症状】感染后的小龙虾（图 5-2）主要表现为活力低下、附肢无力，行动迟缓，应急能力较弱，伏于水草表面或池塘四周浅水处。病虾体色较暗，部分头胸甲等处有白色斑点，解剖检查结果为胃肠道空，肝胰脏肿大，偶尔见有出血症状，头胸甲内有浅黄色积水。少量病虾有黑鳃症状，部分病虾肌肉发红或呈现白浊样。养殖池塘中大规格的虾一般先感染死亡，多发于养殖密度过大的水体。该病害的发生与池塘水温增高有密切关系。

【流行特点】该病主要流行于长江流域，发病时间为每年的 4~7 月。

【预防】

（1）放养健康、优质的种苗。选择健康、优质的种苗，切断白

图 5-2　感染白斑综合症的小龙虾

斑综合症病毒病的感染源。

（2）控制适宜的放养密度。苗种放养密度过大，虾体互相刺伤，病原体更易入侵虾体。此外，大量的排泄物、残饵、虾壳和浮游生物的尸体等不能被及时地分解和转化，会产生非离子氨、硫化氢等有毒物质，容易导致水质环境的恶化，溶解氧不足，造成小龙虾体质下降，抗病毒能力减弱。

（3）投喂蛋白质含量高的优质配合饲料。饲料蛋白质含量保持在 26% 左右，提高虾的抗病能力。并适时投喂抗生素药饵，做到早期预防。

（4）保持良好的水质。定期使用生石灰或微生物制剂，如光合细菌、EM 菌等，调节池塘水生态环境，保持水环境的稳定。

【治疗】

（1）用聚维酮碘全池泼洒，使水体中的药物量为 0.3~0.5 毫克/升。

（2）用季铵盐络合碘全池泼洒，使水体中的药物量为 0.3~0.5 毫克/升。

（3）将 100 克二氧化氯溶解在 15 千克水中后，均匀泼洒在每亩

  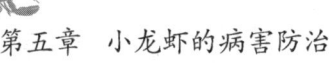

（按平均水深 1 米计算）水体中，同时在饲料中添加能增强免疫功能的中草药进行投喂，以有效控制病情。

聚维酮碘和二氧化氯可以交替使用，每种药物可连续使用 2 次，每次用药间隔 2 天。

（4）将 0.2% 的维生素、1% 的大蒜（打成浆）、2% 的强力病毒康加水溶解后，用喷雾器喷在饲料上投喂。

（5）在养殖过程中如发现有死虾，须远离养殖塘口深埋死虾，以杜绝病毒进一步扩散。

二、细菌性疾病

1. 烂壳病

【病原体】假单孢菌、气单孢菌、黏细菌、弧菌和黄杆菌。

【症状】感染初期病虾体壳上和螯壳上有明显的溃烂斑点，斑点呈灰白色，严重溃烂时呈黑褐色，斑点中端下陷，出现较大或较多的空洞，导致内部感染，有时病虾的触须、尾扇、附肢也有褐斑或断裂。发病小龙虾活力明显不足，出现摄食下降或停食现象，常浮于水面或匍匐于水边草丛，最终死亡。

【流行特点】所有的小龙虾都易受感染，发病高峰为 5~8 月。

【预防】

（1）小龙虾烂壳病多由虾体创伤后细菌侵入伤口感染所致。因此，投放虾苗时，对于因捕捞和运输不慎造成的伤残虾苗，要坚决不投。苗种下塘前用 2% 的食盐溶液消毒。

（2）在虾池中施药、清残和进行其他操作时，要缓慢进行，尽量避免损伤虾体。

（3）经常换水，保持虾池水质清洁。

（4）坚持每日投足饲料，按照"四定"原则投饵，避免残饵污染水质，避免小龙虾因饥饿相互残杀而受伤。

（5）为其提供足量的隐蔽物。

【治疗】

（1）将生石灰化水，趁热全池泼洒 1 次，使池水中的氢氧化钙浓度为 25 毫克/升，3 天后换水；再将生石灰化水并趁热全池泼洒一次，使池水中的氢氧化钙浓度为 20 毫克/升。

（2）取 50 千克饲料，拌入 150 克磺胺甲基嘧啶投喂小龙虾，1 天 2 次，连用 7 天后停药 3 天，再投喂 5 天。

（3）每升水中浸泡 15~20 毫克茶饼，然后全池泼洒。停药 3 天，再投喂 3 天。

（4）每千克饵料中加入 3 克碱胺间甲氧嘧啶拌匀，每天 2 次，连用 7 天后用碘制剂（含 10% 有效碘），每亩 1 米深的水中用量为 40 毫升，可有效治愈。

（5）用氟苯尼考（含原料粉 10%）溶液（8 克/升）浸泡病虾 15 分钟。

2. 烂鳃病

【病原体】革兰氏阴性菌。

【症状】病虾鳃丝发黑、局部霉烂，造成鳃丝缺损，排列不整齐，鳃丝坏死，失去呼吸功能，导致小龙虾摄食减少、活力变差，最后死亡。在水质不清洁、溶氧量低、池底有机质较多的池塘中，此病较易发生。

【预防】

（1）放养前用生石灰彻底清塘，并经常加注清水，保持水质清新，保持水体中的溶氧量在 4 毫克/升以上，避免水质遭污染。

（2）及时清除池中的残饵、污物，注入清水，保持良好的水体环境。

（3）每半个月泼洒（15~20 毫克/升）生石灰或微生态制剂一次，交替使用，进行水质调节。

【治疗】

（1）用二氧化氯（2~3 毫克/升）浸洗病虾 10 分钟。

（2）将氟苯尼考、维生素 C、大蒜素等制成药饵投喂。

（3）全池泼洒二溴海因（0.1 毫克/升）或溴氯海因（0.2 毫克/升），隔天再用一次，结合内服维生素 C0.2%、双黄连抗病毒口服液 0.5%、虾蟹蜕壳素 0.1% 等。

（4）聚维酮碘（0.2毫克/升）全池泼洒，重症连用2次。

（5）在饲料中加入2%的复方新诺明或0.5%的磺胺嘧啶，每天投喂一次，连服10天。

（6）将强氯精（0.3毫克/升）或漂粉精（0.5毫克/升）化水，全池泼洒。

（7）按每立方米2克漂白粉的用量，将漂白粉溶于水中后泼洒，疗效明显。

（8）施用池底改良活化素20~30千克/（亩·米）和复合芽孢杆菌250克/（亩·米），以改善底质和水质。

3. 出血病

【病原体】气单胞菌。

【症状】病虾体表布满大小不一的出血斑点，特别是附肢和腹部较为明显，肛门红肿，小龙虾一旦染上出血病就会在短时间内死亡。

【预防】

平时做好水体的消毒工作，水深1米的池子，每亩水面用25~30千克的生石灰加水后全池泼洒，每半个月泼洒一次。

【治疗】

（1）外用药：每亩水体用750克烟叶，温水浸泡5~8小时后全池泼洒。

（2）内服药：向每千克饲料中添加0.25~1.5克盐酸环丙沙星原料药拌匀投喂，连续喂5天。

4. 烂尾病

【病因】小龙虾受伤、相互残杀或被分解几丁质的细菌感染所致。

【症状】感染初期小龙虾尾部有水疱，边缘溃烂、坏死或残缺不全，随着病情的恶化，溃烂逐步由边缘向中间发展，感染严重时，小龙虾的整个尾部溃烂脱落，甚至导致小龙虾死亡。

【预防】

（1）运输和投放虾苗、虾种时，不要堆压和损伤虾体。

（2）投饵料充足、均匀，在饲料观察台查看，及时调整投喂量，防止小龙虾因饵料不足而相互争食或残杀。

（3）每15~20天进行1次改底，并使用复合微生物菌剂改善水质，抑制有害菌数量。

（4）合理放养，控制放养密度，将水源调控好。

【治疗】

（1）用茶饼浸液（15~20毫克/升）泼洒全池。

（2）每亩用生石灰6~8千克，化水后泼洒全池。

（3）将强氯精等消毒剂化水泼洒全池，病情严重的，连续泼洒3次，每次间隔1天。

（4）用聚维酮碘（含3%的活性碘），每亩1米深的水中用量为70毫升，效果好。

（5）全池泼洒二溴海因0.3毫克/升。

5. 烂肢病

【病原体】弧菌。

【症状】虾腹部及附肢腐烂，呈铁锈色或烧焦状，肛门红肿，摄食量减少甚至出现拒食等现象，虾的活动明显迟缓，严重时则会死亡。

【预防与治疗方法】

（1）在捕捞、运输、放养等过程中动作要轻，不要让虾受伤。

（2）加强水质管理，适时调节水质，可用池底改良活化素结合光合细菌或复合芽孢杆菌。

（3）放养前用3%~5%的盐水浸泡几分钟。

（4）发病后全池泼洒二溴海因（0.2毫克/升）。

6. 肠炎病

【病因】由细菌引起的疾病。由于高温加速底质恶化，氨氮、硫化氢等有害物质增多，导致病原体大量滋生，小龙虾肠道内菌群失衡，有害细菌占据主体地位。高温容易使食物腐败，投喂不干净的食物或小龙虾摄食到池塘里已经腐败的食物时，容易发生肠炎病。特别是遇到暴雨天气时，小龙虾不能适应大温差而产生应激，体内维生素急剧消耗，造成体质下降，抵抗力和免疫力下降，易受病原

体侵袭。

【症状】肠道无食物、有气泡，拔出肠道可见其呈蓝色，并伴有肝脏萎缩，颜色发白、变浅，保护膜不清晰等症状。发病初期，以大虾为主，然后逐渐感染到全池，发病快，死亡率高。病虾的主要表现为不进食或进食量很少，往水浅的地方、水草、岸边靠近，不怕惊扰，应激状态减退，趴在岸边，不得动弹，最终死亡。

【预防】

(1) 科学计算投喂量，在池中设置观察台，了解小龙虾的摄食情况。

(2) 泼洒聚维酮碘液，进行全池消毒。

(3) 定期用生石灰或可溶性钙盐补钙（氯化钙、乳酸钙、葡萄糖酸钙等）。

(4) 使用微生态制剂改底调水。

(5) 5月以后，定期用碘制剂杀灭弧菌，防止其大量繁殖。

【治疗】

(1) 将大蒜素、三黄粉、恩诺沙星、阿莫西林拌饵投喂。

(2) 定期投喂维生素 C、五黄散提高免疫力。

(3) 将 EM 菌、乳酸菌拌饵投喂，调节肠道中的有益微生物种群。

7. 水肿病

【病因】小龙虾腹部受伤后感染嗜水气单胞菌。

【症状】病虾头胸部水肿，呈透明状。病虾匍匐于池边草丛中，不吃、不动，最后在池边浅水滩死亡。

【预防】

(1) 在肥水培藻过程中合理使用芽孢杆菌、乳酸菌、EM 菌等，增加水体中有益微生物的含量，减少水体中有害微生物的繁殖数量。

(2) 使用过硫酸氢钾改底，每亩用 500 克。

【治疗】

(1) 用五黄散拌饵，每千克小龙虾用 1.0 克，连喂 7 天。

(2) 全池泼洒二溴海因，使其在池水中的浓度为 0.2 毫克/升。

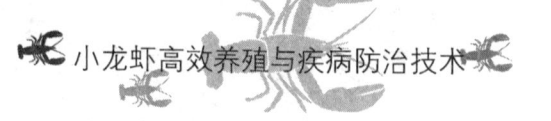
三、真菌性疾病

1. 黑鳃、黄鳃病

【病原体】多由真菌感染所致。也因水质严重污染或长期缺乏维生素。

【症状】小龙虾的鳃由红色变为褐色或淡褐色，直至完全变黑，鳃萎缩、局部霉烂，鳃组织坏死。患病的虾活动无力，腹部卷曲，体色变白，幼虾趋光性变弱，多数在池底缓慢爬行。患病的成虾常浮出水面或依附水草，露身于水外，不入洞穴，行动迟缓，停食，后因呼吸困难而死。

【流行特点】10克以上的小龙虾易受感染，发病高峰为6~7月。

【预防】

（1）经常更换池水，及时清除残饵和池内的腐败物。

（2）放养前，用生石灰彻底消毒，经常加注新水，保持饲养水体清洁，溶氧充足。定期用生石灰（25毫克/升）消毒。

（3）经常投喂青饲料。

（4）在成虾养殖中后期，可在池内放养些螺蛳。

（5）每15~20天用EM菌或乳酸菌进行全塘泼洒，定期改底、改善水质。

【治疗】

（1）每立方米水体用漂白粉1克，全池泼洒，1天1次，连用2~3天。

（2）按1千克饲料拌土霉素1克，拌匀后投喂小龙虾，1天1次，连喂3天。

（3）每立方米水体用亚甲基蓝10克，全池泼洒1次。

（4）每立方米水体用强氯精0.1克或二氧化氯0.3克，全池泼洒1次。

（5）每天用3%~5%的食盐水浸洗患病虾2~3次，每次3~5分钟。

（6）将浓度为0.3毫克/升的二氧化氯溶液泼洒全池，进行消

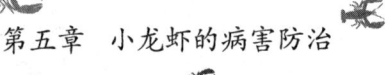

毒，并迅速换水。

（7）用 0.3 毫克/升的二氧化氯溶液或戊二醛溶液泼洒全池 1 次，第二天使用果酸或硫酸二氢钾改底。

（8）用茶籽饼泼洒全池，使其在池水中的浓度为 12~15 克/立方米，刺激小龙虾蜕壳，再使用葡萄糖酸钙补钙。

2. 水霉病

【病原体】水霉菌、绵霉属真菌。

【症状】受伤后感染，初期症状不明显，当症状明显时，菌丝已侵入表皮肌肉，向外长出棉絮状的菌丝，在体表形成肉眼可见的"白毛"。病虾消瘦乏力，活动焦躁，摄食量下降，严重者导致死亡。

【预防】

（1）当水温上升到 15℃以上时，每间隔 15 天用生石灰（25 毫克/升）泼洒全池 1 次。

（2）捕捞、搬运过程中避免虾体损伤，黏附淤泥；每亩水体用 400 克食盐和 400 克小苏打，化水后泼洒全池。

（3）用 40% 的甲醛溶液（20~25 毫克/升）全池泼洒，24 小时换水，换水量在一半以上。

（4）放养密度要合理，不要过大。

（5）饲料的投喂量要充足，以减少小龙虾互残现象。

【治疗】

（1）用 1%~2% 的食盐水浸洗病虾 30~60 分钟，同时每 100 千克饲料中加克霉唑 50 克制成药饵，连喂 5~7 天。

（2）用 0.3 毫克/升的二氧化氯泼洒全池 1~2 次，第一次用药与第二次用药间隔 36 小时。

（3）用 0.3~0.5 毫克/升的亚甲基蓝泼洒全池，连用 2 天。

3. 虾瘟病

【病因】由真菌引起。在高温季节水质恶化缺氧引发此病。

【症状】小龙虾的体表有黄色或褐色的斑点，附肢和眼柄的基部可发现真菌的丝状体，病原侵入虾体内部后，攻击其中枢神经系统，并迅速损害运动神经。病虾表现为呆滞，活动性减弱或活动不正常，容易造成病虾大量死亡。

【预防】

（1）保持水体正常水色和透明度。

（2）适当控制放养密度。

（3）冬季清淤，用药物改底。

（4）平时注意使用微生物菌剂增加水体中的有益菌。

【治疗】

（1）用 0.3 毫克/升的强氯精溶液或戊二醛溶液泼洒全池。

（2）用 1 毫克/升的漂白粉溶液泼洒全池，每天 1 次，连用 2 ~ 3 天。

（3）用 10 毫克/升的亚甲基蓝泼洒全池。

（4）每千克饲料中添加氟苯尼考 0.8 克（含原料粉 10%），拌匀投喂，连续投喂 3 天。

四、寄生虫病——纤毛虫病

【病原体】累枝虫、聚缩虫、钟形虫和单缩虫等固着类纤毛虫。

【症状】小龙虾体表、附肢、鳃或受精卵上有许多绒毛状的灰黑色污浊物，用水很难达到清洗目的。病虾呼吸困难，妨碍虾的游泳、活动、摄食和蜕壳等行动，烦躁不安，食欲减退，多数在池边缓慢游动或爬行，对外界刺激没有敏感反应。大量附着时，严重影响虾体外观，会引起虾缺氧，继而窒息死亡。

【预防】

（1）经常更换池水，保持池水清新。

（2）彻底清除池内的漂浮物或沉积的渣草。

（3）做好冬季闭池的清淤工作。

（4）每月用 0.6 毫克/升的敌百虫泼洒全池 1 次，杀灭池中的病原体。

（5）经常使用池底改良活化素、光合细菌、复合芽孢杆菌、微生物复合菌剂等改善水质和底质，使水中的有机质含量降低。

（6）用复合生物菌（90 ~ 120 克/亩）泼洒全池，15 天后再泼洒

1次。

【治疗】

（1）晴好天气时，当天10：00，用0.7毫克/升的硫酸铜和硫酸亚铁（以5：2的比例）泼洒全池。当天15：00，用过硫酸氢钾改底；第二天11：00，用乙二胺四乙酸（螯合物简称EDTA）解毒；全池遍洒葡萄糖酸钙和维生素C，严重时每隔5天再重复1次，即可痊愈。

（2）每立方米水体用福尔马林30毫升，全池泼洒一次。16~24小时后更换池水。

（3）取菖蒲草若干小捆，浸泡于池水中，2~3天后捞起。

（4）用3%~5%的食盐水浸洗，3~5天为一个疗程。

（5）将患病的小龙虾放在200毫克/升的醋酸溶液中药浴1分钟，大部分固着类纤毛虫可被杀死。

（6）晴好天气时，使用硫酸锌，用量为2克/立方米，施药后第二天需要改底和解毒。

（7）用甲壳净或纤毛净等药物消灭纤毛虫。请按说明书要求掌握好剂量，以防伤虾。施药后要仔细观察小龙虾的反应，做好应急处理，避免因用药不当而造成死虾现象。

五、其他疾病

1. 气泡病

【病因】

主要是水中气体过饱和及溶解氧含量发生变化而导致。

【症状】小龙虾尾部肌肉或全身肌肉发白，鳃发白，有时还能观察到甲壳下有大量气泡，有的虾的头胸甲内缘水肿，俗称"鳃肿"，未死亡的虾进一步发展成"果冻鳃"。显微镜检查可见虾须内、尾部甲壳下普遍存在气泡。发病虾腹部末端肌肉白浊是该部位肌肉被气体损伤的结果。有的急性发病虾体内和体表都有大量气泡。

【防治方法】

小龙虾气泡病是氧饱和严重程度不同、持续时间不同、池塘水深不同导致的，因此，在养殖过程中应当及时检测溶解氧含量，针对性予以增氧，在夜间与日间，阴雨天等不同天气状况下，保持水体溶解氧含量相对稳定。保证能够做到以下4点。

（1）池底淤泥过多时要及时清除。

（2）使用已发酵的有机肥来控制水质浓度。

（3）将放养密度控制在一定范围内。

（4）为保持池水清爽，要坚持巡塘，常加新水。

2. 软壳病

【病因】

大多是由于虾体内缺钙所致。

间接原因则可能存在以下5个方面的问题。

（1）池内日照不充足。

（2）水体 pH 值长期偏低（pH<7）。

（3）池底污泥清理不及时。

（4）虾苗的投放密度过大。

（5）长期投喂某种单一饲料。

【症状】小龙虾体壳薄软，基本与肌肉分离，易剥离，螯壳不坚硬，体色不红、发暗，活动能力不强，觅食不旺，生长缓慢，身体各部位的协调能力差，打洞的能力和逃避敌害的能力减退。

【预防】

（1）给虾池消毒，每15~20天用25毫克/升的石灰水趁热泼洒全池一次。

（2）及时除去虾池内蔓生过密的水草。

（3）坚持每年冬季清淤，清除发臭的污泥。

（4）把虾苗的投放密度控制在每千平方米面积投放数量在15000尾以下，池内水草面积不超过池塘面积的40%。

（5）投喂饲料多样化，尽量多投些青饲料和鱼骨粉，或在虾饲料中添加蜕壳素，如可溶性钙化物（氯化钙、葡萄糖酸钙）。

（6）每亩1米水深施用复合芽孢杆菌250毫升，改善水质，调节水体酸碱平衡。

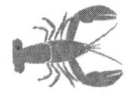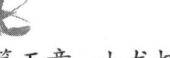

（7）使用富含氨基酸、多糖物质的高活性复合微生物产品肥水培藻，使饵料生物多样化。

（8）放苗后，每20天适时补充水体钙质。

【治疗】

（1）每立方米水体用生石灰粉20克，全池均匀撒施一次。施用石灰粉后10天内，如果要更换池水，换水后再补施一次。

（2）将鱼骨粉与新鲜豆渣或用热水浸泡开的豆饼、菜籽饼混合拌匀，进行投喂，1天1次，连用7~10天。

（3）在饲料中添加鱼虾5号0.1%、虾蟹蜕壳素0.1%、虾康宝0.5%、维生素C0.2%、营养素0.8%。

（4）饲料内添加3%~5%的蜕壳素，连续投喂5~7天。

（5）每隔半个月全池泼洒消水素（枯草杆菌）0.25克/立方米。

（6）施用复合芽孢杆菌［250毫升/（亩·米）］，促进有益藻类的生长，维持水体酸碱平衡。

3. 硬壳病

【病因】可能是由于营养不良、水质中钙盐过高或池底水质不良，也有可能是由附生藻类或纤毛虫等导致。

【症状】全身甲壳变硬，有明显的粗糙感，虾壳无光泽，呈黑褐色。小龙虾的生长停滞，表现出厌食倾向。

【预防与治疗方法】

（1）增加营养，在饵料中添加藻类、卵磷脂或豆腐等，也可在虾饵中添加蜕壳素。

（2）当水质或底质不良时，应大量换水或直接换池。

4. 蜕壳不遂病

【病因】水体中钙、磷等微量元素不足，水温突变，水体透明度太低，水质不良、底质恶化，以及小龙虾营养不良，体质虚弱，乱用药物造成小龙虾生长迟缓，病虫害严重，都会影响小龙虾蜕壳。

【症状】小龙虾的头胸部与腹部交界处出现裂缝，全身发黑。

【预防】

（1）定期调节水质、改底。

（2）每月用含氨基酸、免疫多糖、多维葡萄糖、葡萄糖酸钙、氯化钙及高活性复合菌的制剂全池泼洒，增强小龙虾的体质。

（3）定期补充微量元素。

【治疗】

（1）饲料中拌入1%～29%的蜕壳素、葡萄糖酸钙或氯化钙。

（2）饲料中拌入骨粉、蛋壳粉等以增加其中的钙元素含量，对小龙虾进行补钙。

5. 肌肉变白坏死病

【病因】盐度过高、密度过大、温度过高、水质被污染、溶氧过低等不良环境因素会引起此病，在以上因素突变时，此病更易暴发。

【症状】起初只是小龙虾尾部肌肉变白，随后虾体前部的肌肉也变白。肌肉坏死，虾死亡。

【预防与治疗方法】

（1）控制好放养密度。

（2）注意水的温差。在亲虾运输、幼体下塘时，温差不能太大。经常保持水质清新，溶氧充足，龙虾的发病会减少。

（3）在高温季节，要防止养殖池塘的水温升高得过快，或突然变化。应经常换水，注入新水以及增氧。改善小龙虾的生存环境，保持水质良好，能预防此病。

6. 黑壳病

【病因】硅藻、褐藻、丝状藻等寄生于体表。

【症状】体色变成黑色或墨绿色，小龙虾体质差，活动能力明显下降，不能顺利蜕壳，这可以引起小龙虾的大批死亡。

【预防与治疗方法】

（1）虾池的水源应保证水质良好，无污染。

（2）每亩用150千克生石灰清塘消毒。

（3）夏秋季节勤换水，保持水质清新。冬春季节灌满水，并将水质透明度保持在30～40厘米。

（4）使用0.3～0.4毫克/升的硫酸锌溶液，隔日用0.3～0.4毫克/升的溴氯海因溶液泼洒全池1次。

7. 褐斑病

【病因】又称为黑斑病。由于虾池池底水质变坏，弧菌和单胞菌大量滋生，虾体被感染而引发此病。

【症状】小龙虾体表、附肢、触角、尾扇等处出现黑色、褐色点状或斑块状溃疡，严重时病灶增大、腐烂，菌体可穿透甲壳进入软组织，使病灶部分粘连，阻碍其蜕壳生长，病虾体力减弱，或卧于池边，不久便陆续死亡。

【预防】

（1）投饵料充足、均匀，拌入乳酸菌或 EM 菌，在饲料观察台查看，及时调整投喂量。

（2）运输和投放虾苗、虾种时，应平摊操作，不可挤压虾体。

（3）每 15~20 天进行一次改底，并使用 EM 菌、光合细菌、乳酸菌改善水质。

【治疗】

（1）连续 2 天泼洒超碘季铵盐，0.2 克/立方米。同时，每千克饲料中添加氟苯尼考（含原料粉 10%）0.5 克，连续内服 5 天。

（2）虾发病后，用 1 克/立方米的聚维酮碘全池泼洒治疗。隔 2 天再重复用药 1 次。

8. 冻伤病

【病因】在水温低于 4℃时，小龙虾将会被冻伤。

【症状】小龙虾冻伤时，头胸甲明显肿大，腹部肌肉出现白斑，随着病情的加重，白斑也由小而大，最后扩展到整个躯体。病虾初期呈休克状态，平卧或侧卧在浅水草丛里。严重时，出现麻痹、僵直等症状，不久死亡。

【预防】

（1）早冬期，当水温降到 10℃以下时，应加深水位。

（2）在越冬期间，可在池中投放氨基酸等低温肥或生物菌剂，促使水底微生物发酵，减少致病菌。

【治疗】

（1）投喂脂肪含量高的饵料，如豆饼、花生饼、菜籽饼等，使小龙虾体内积累脂肪，储能越冬。

（2）投喂药饵，100千克饲料中加20克多维葡萄糖拌匀投喂。

9. 痉挛病

【病因】在高温季节，由捕捞和操作不当，小龙虾受惊吓造成。

【症状】主要症状是成虾腹部弯曲，严重个体的头胸部以下至尾部明显僵硬，并侧卧在水底不动，起捕后长时间不能恢复正常，轻者虽能做短暂划动，可身体呈驼背形，伸展不开，还有的病虾腹部变白，但不透明。

【预防】

（1）在高温季节避免捕捞和小龙虾集中挤压，必要时操作要轻便快捷，缩短小龙虾的离水时间。

（2）适时换新水，提高水位，改善水质。

【治疗】

（1）使用EM菌或乳酸菌，全池泼洒，每亩用100克。

（2）及时补钙，将乳酸钙遍洒全池，每亩用200克。

六、敌害生物

小龙虾的敌害生物主要有水蛇、青蛙、蟾蜍、老鼠、水螅、鸟类、凶猛性鱼类（特别是乌鳢、鳜、鲇、鲈）、青苔以及鸭子等。

【防治方法】

（1）鱼害。防逃墙要建设坚固，并经常对其进行维护检查。若在虾池中发现凶猛鱼类，要及时捕杀。严格过滤进水口，防止敌害鱼及鱼卵进入池内，并在进水口设置拦网。如发现池中有敌害鱼及鱼卵，则要用2毫克/升的鱼藤精进行消毒。

（2）鸟害。鸥类和鹭类是水鸟中对养虾场危害最大的，由于这两类水鸟是保护对象，可采用恫吓的方法将其驱赶到其他地方。

（3）其他敌害。水蛇、青蛙、蟾蜍、鼠等都会直接摄食幼虾、成虾，故积极预防十分重要。也可采取"捕、诱、赶、毒"等方法清除敌害。

七、中毒

【病因】

一是池底不干净，淤泥较厚，池中有机物腐烂分解产生大量氨氮、硫化氢、亚硝酸盐等物质，引起虾鳃以及肝胰腺的病变，导致小龙虾慢性死亡；二是一些化学品、废油等含有汞、铜、锌、铅等重金属元素，当其流入池内就会导致虾类中毒，一些其他毒性物质也是如此；三是农药、化肥、其他药物进入池中从而导致小龙虾急性死亡，这种情况在靠近农田的养殖区域很容易发生，可能是因为管理不慎或人为因素造成的，这也是目前小龙虾中毒的最主要原因。

【症状】

中毒症状根据小龙虾的发病情况可以分为两类：一类发病慢，小龙虾出现呼吸困难，摄食减少，零星死亡。这可能是池塘内有机质腐烂分解引起的中毒，属于慢性中毒，小龙虾体内毒素积累而死亡；另一类发病急，出现大量死亡，尸体在水体中上浮或下沉，一般清晨的池水中溶氧量较低时较为明显，属于急性中毒死亡。小龙虾鳃丝表面不存在有害生物附生，也没有典型的病灶。

【防治方法】

在建虾池时要加强巡视，调查周围的水源，看有无工业污水、生活污水、农田生产用水等排入；看周围有无新建排污化工厂；清理污染源，清理水环境。选定符合生产要求的水源后，请环保部门监测水源，检测有毒、有害物质是否超标；一旦发生中毒事件，要立即进行抢救，将活虾转移到新池中去。新池要经过清池消毒，并冲水增加溶氧量，或排、注没有污染的新水加以稀释。

第六章 小龙虾的捕捞与运输

第一节 小龙虾的捕捞

小龙虾生长快，从放养到收获只需很短的时间，但个体之间的差异性很大，即使放养时规格整齐，收获时规格仍然差异很大。为了提高池塘单位面积的产量，降低水体的生物承载量，同时减少在养殖过程中因个体差异太大引起的自相残杀现象，应采取轮捕轮放的方法及时将达到上市规格的小龙虾捕捞上市。

一、捕捞工具

小龙虾常见的捕捞工具有地笼、虾笼、虾球、手抄网、拖网。

1. 地笼

地笼可分为两种：大地笼网和小地笼网。前者体积较大，不需要每天重复收起和放下，每天只要分两次（小龙虾多的池塘要数次）从笼梢中取出小龙虾即可，7~10天左右收起地笼网，冲洗干净，再放入池中；后者体积较小，必须每天数次重复放下、收起和取虾。

（1）结构。用6个钢丝制长方形框架装配网衣，两侧有4个倒须网，进入地笼网的虾由倒须网引导后进入取虾部（即笼梢），即可将其捕获。①钢丝制框架：直径为2毫米，长方形，宽20厘米，高16厘米，共6个；网衣由3根聚乙烯单丝机编而成，网目大小为1.2厘米，周目104目，长约157目；侧网倒须网由聚乙烯单丝编成，网目大小为1厘米，周目约132目，纵长16目，共4片。②锻铁制沉子：长6厘米，宽、厚各0.8厘米，两端和上、下方均开有槽，缚结很方便，每两侧倒须网口中部下方均缚1个结，共4个。③聚乙烯线扎网线和网筋：3股左捻，直径1毫米。④浮标：竹、木制均可，也是用于固定笼位的。

（2）装配。6个框架形成5挡，在1~4挡两侧间隔装倒须网，共4个；两侧网同框架高度方向缝合32目；上下由网筋穿过34目，尾部由网线穿过后，两边结扎，中间留倒须口，然后与框架连接，在第5挡由前后设置取鱼部倒须网，尾部经网线穿过后与最后1个框架连接，导向取鱼部。

（3）用法。地笼的适用水域广，可在江河、湖泊、塘库底部作业，主要将其摆放在底貌平坦、水深10米以内的地方，敷设于水底，可十几只或几十只串联起来作业。首尾端用竹木标杆、浮子或浮标固定和确定笼位，按顺序投放。静水处一般与岸垂直，流水处的网口对着来虾蟹的方向。当虾蟹等活动方向受阻，就会由两侧倒须网进入笼体而被捕获。

（4）注意事项。①捕捞前不得使用任何药物，休药期之后方可起捕。②选择捕获量高的地笼网，购买时注意其质量品质。③要控制好地笼网的网眼，以不卡住未达到上市规格的虾种及虾苗为准。④放置好的地笼网笼梢必须高出水面，使进笼的小龙虾透气方便。⑤经常察看地笼网中的情况，地笼网中的小龙虾数量不可堆积过多，避免小龙虾因窒息死亡。⑥地笼网使用7~10天后，必须进行彻底地冲洗、曝晒，以提高捕获量。⑦对捕获的虾进行分拣，把未达上市规格的虾放回原池中，不可挤压；放养的地方尽量离地笼远一点，小龙虾离水时间不宜过长。

2. 虾笼

用竹篾编制的直径为10厘米的"丁"字形筒状笼子，两端入口设有倒须，虾只能进不能出。在笼内投放味道较浓的饵料，引诱小龙虾进入，进行捕捉。通常在傍晚放置虾笼，清晨收集虾笼，倒出虾，挑选出大规格小龙虾进行销售，小规格小龙虾放入池中继续养殖。

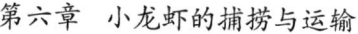

3. 虾球

用竹篾编制的直径为 60~70 厘米的扁圆形空球，内填竹屑、刨花等。顶端系一塑料绳，用泡沫塑料作浮子。捕虾时，将虾球放入水中，定期用手抄网将集于虾球上的小龙虾捕捞起即可。

4. 手抄网

手抄网有圆形手抄网和三角形手抄网。三角形手抄网是把虾网上方扎成四方形，下方为漏斗状。捕虾时，不断地用手抄网在密集生长的水草下方抄虾，因小龙虾喜欢攀爬在水草上，故此种方法适用于小龙虾密度较大的水域。

5. 拖网

由聚乙烯网片组成，与捕捞夏花鱼种的渔具相似。拖网主要用于集中捕捞。在拖网前先降低池塘水位，以便操作人员下池踩纲绳，一般水位降至 80 厘米左右。

二、注意事项

（1）小龙虾捕捞前禁止泼洒或内服任何药物，若使用药物须休药期满才能捕捞。

（2）合理控制地笼的网目，以免网目太小损伤小龙虾，网目太大影响捕捞效果。

（3）地笼网放置好后，笼梢必须高出水面，以便小龙虾透气，避免在笼中拥挤而缺氧死亡。

（4）地笼网放置好后，要定期观察，如笼中小龙虾数量过多，应及时倒出小龙虾，以免因小龙虾过多，引起窒息死亡。

（5）地笼网使用 1 周后，需彻底地清洗、暴晒，有利于提高捕获量。

（6）小龙虾捕捞以后要及时分拣，将不符合商品虾规格的小虾及时放回池塘中继续养殖，切忌挤压与离水时间过长。

三、轮补上市

小龙虾的捕捞时间与种苗放养有关。春季放养的苗种，经过 2~

3个月的养殖，一般在6月中下旬就可以起捕。养殖者可利用小龙虾生长的个体差异，捕大留小，分阶段上市。

秋季留放的小龙虾亲虾或抱卵虾，至翌年春季时，根据繁殖情况，及时捕捞出亲虾，一般捕捞时间在4月上中旬。通过轮捕可以控制池塘内虾苗的存塘量，把虾苗密度保持在一个适合的范围内，可提高生长速度，同时可起到提高单位面积产量和经济效益的作用。

第二节　小龙虾的运输

近几年来，随着小龙虾人工养殖的迅速发展，小龙虾的幼虾（虾苗、虾种）与成虾（商品虾、亲虾）的运输是小龙虾生产经营过程中的一个重要环节。通常，幼虾运输采用塑料周转箱加水草运输，装箱厚度不宜过大，运输过程中注意保持环境湿润，避免阳光直射；成虾的生命力更强，离水后可以存活较长时间。如何不断提高运输成活率，降低运输风险，是小龙虾养殖经营过程中的重要问题。

一、运输前的准备

1. 制订周密的运输计划

在进行小龙虾运输前，应该根据运输对象的数量和规格、目的地距离的远近，在保证成活率高、运输成本低的前提下，确定运输路线、方法和措施，制订周密的运输计划。

2. 认真做好运前检查工作

运输前认真检查运输、包装、充氧等工具及材料是否完整齐全，并经过检验与试用，确定没有任何问题后方可使用。检查内容主要包括运输车辆、包装材料、氧气、药品、应急物品（如增氧灵）等。

3. 提前做好应急备案

调查运输线路水源和水质情况，针对沿途可能遇到的各种问题，拿出切实可行的解决方案。例如，路途较远，需事先定好换水、换气的地点，准备好充足的水、气源，保证小龙虾能得到及时补充。

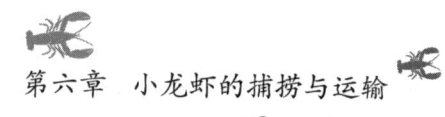

4. 协调好交接工作

应尽早通知接货方，组织人力、物力做好接应工作，及时转运、放养、销售。

二、小龙虾苗种高密度运输技术

传统的小龙虾苗种运输方法比较简陋，不能较好地实现高密度运输。例如，以前较多使用编织袋装运，由于没有支撑的架体，抵抗破坏的能力差，无法堆高，车厢空间得不到充分利用，且挤压严重，运输成活率较低。用水箱运输则不便捷，用水量大，且运输效率低，运输成本较高。

现阶段，通过改进和优化捕捞和运输技术，提高运输成活率，能够实现小龙虾苗种的高密度运输。通过完善和优化捕捞技术，能够减少捕捞对小龙虾苗的伤害；通过暂养停食，可减少排泄量；采用相互叠加的聚乙烯网布制的钢筋网隔箱，可以提高运输能力；通过添加水草，保持运输环境湿度。

1. 高密度运输技术概要

（1）环境控制。在高密度运输小龙虾苗种时，需要对环境进行严格的控制，如水质、温度、氧气等，以保证苗种的存活和健康。可以利用水处理设备、加热系统和氧气提供器等工具来控制环境。

（2）容器选择。选择合适的容器，如塑料桶、网箱等，以减少苗种之间的互相挤压和伤害。应保持容器内有充足的空气，以提供足够的氧气。

（3）运输方式。一般采用水路运输、陆路运输或空运运输，具体选择取决于实际情况。在运输过程中，需要避免过度振动和摇晃，以降低苗种的死亡率。

（4）健康监测。小龙虾苗种运输过程中，需要定期检查苗种的健康情况，如观察苗种的活动状态、摄食情况等，及时发现问题并采取措施。同时也需要对苗种进行疫病检测，以防止疾病的传播和扩散。

2. 高密度运输技术操作方式

（1）捕捞。采用地笼网捕捞小龙虾苗种，每天早、中、晚重复放下、收起和取虾。注意放置好后的地笼笼梢应高出水面，便于笼内的小龙虾透气。

（2）暂养。将从养殖池捕捞的小龙虾苗种放在水泥池中暂养，排污4~6小时。

（3）挑选。应选体色纯正，体表无附着物，躯体光滑，附肢齐全，无病、无伤，活动能力强的小龙虾苗种，有病、有伤的虾苗要去除。

（4）运输。采用80厘米×40厘米×10厘米的聚乙烯钢筋网隔箱分层运输，网隔箱底铺少量水草后放入小龙虾苗种，然后覆盖少量湿润的水草。每只网隔箱放5千克小龙虾苗种，网隔箱要逐个垒叠。此外，每两个小时向箱体喷洒一次清水，保持虾体湿润。通常，该运输方式下，小龙虾的成活率在95%以上。

（5）放养。通常，经运输抵达目的地后，将虾连同箱子放入水中浸泡1~2分钟，提起静放1~2分钟后再浸泡，如此反复4~5次，确保小龙虾鳃部充分吸水。

三、成虾运输

小龙虾的成虾运输又分亲虾运输和商品虾运输，由于要求不一样，运输方法也有所不同。

1. 亲虾运输

亲虾是用来繁殖虾苗的，因此运输亲虾要格外慎重。亲虾运输一般采用干法运输法，与运输小龙虾苗种相似，用聚乙烯网布制的钢筋网格箱、塑料箱或泡沫箱运输。

（1）运输前的准备。①挑选体质健壮、刚捕捞上来的小龙虾进行运输。竹筐、塑料泡沫箱均可作为运输容器，每个竹筐或塑料泡沫箱中最好装同一规格的小龙虾。先将小龙虾摆上一层，用清水冲洗干净，再摆第二层，摆到最上一层后，铺一层塑料编织带，浇上少量水后，撒上一层碎冰。每个装虾的容器中放好碎冰（通常1.0~

1.5千克）后，盖上盖子并封好。用塑料泡沫箱作为装虾苗的容器时，要事先在泡沫箱上开几个孔隙。②计算好运输的时间。正常情况下，运输时间要控制在4~6小时。如果时间较长，则需在中途打开容器浇水、撒冰；如果中途没有加水、加冰的条件，需提前多放些冰，防止小龙虾因长时间的高温干燥环境而大量死亡。装虾的容器不可堆积得太高，一般在5层以下即可，堆积过高会压死小龙虾。在小龙虾的储藏与运输过程中，正常情况下的死亡率为2%~4%。若超过这个范围，储运方案就需改进。

（2）运输过程。①将新鲜、干净的水草铺在钢筋网格箱、塑料箱或泡沫箱底部，厚度为2~3厘米。②将用清水冲干净的亲虾轻轻放入箱中，用养殖亲虾的原池水彻底喷淋亲虾。每箱装亲虾5千克左右，亲虾装好后，再将新鲜、干净的水草铺在亲虾上面，盖上盖子。如用泡沫箱装小龙虾，需事先在泡沫箱底部及侧面开几个小孔，泡沫箱底部不要积水。③将装好箱的亲虾整齐堆放在车厢内，虾箱不要堆放得太高，一般控制在3层以内，每堆箱之间保持10~15厘米的距离。为了保证运输过程中小龙虾不受挤压，堆与堆之间的缝隙用水草塞满。

（3）注意事项。为了提高运输的成活率，使损失降至最低，在小龙虾的运输过程中要注意以下9点。①尽量挑选体质强壮、附肢齐全的小龙虾个体进行运输，体质差、病弱有伤的个体要剔除。②需要运输的小龙虾要进行停食、暂养，让其肠胃内的污物排空，避免运输途中的污染。③选择好合适的包装材料。短途运输只需用塑料周转箱，上、下铺设水草，中途运输时保持湿润就行；长途运输必须用带孔、隔热的硬泡沫箱，加冰，封口，然后低温运输。④包装过程中要摆放整齐，不宜堆压过高，一般不超过40厘米，否则会使底部的虾因挤压而死亡。⑤在整个运输过程中，有条件的可将温度控制在1~7℃，这样小龙虾会处于半休眠状态，氧气的消耗及小龙虾的活动量会减少，温度保持稳定，可防止小龙虾脱水死亡，以提高运输的成活率。⑥在运输过程中，每隔1小时喷水一次，保持亲虾体表湿润。⑦最好选天气凉爽的早晨或晚上运输亲虾，切忌中午高温时运输。⑧若要用冰降低气温，切忌将冰直接撒在亲虾体上。应将冰放在密封的车厢内，先降低气温，从而达到降低亲虾体温的作用。⑨尽量缩短亲虾运输的时间，确保亲虾的成活率。

2. **商品虾运输**

（1）干法运输法。①商品虾的选择：选择体质健壮、反应灵敏、达到上市规格、刚捕获上来的小龙虾，剔除死虾、病虾及不达规格的小龙虾。②运输容器：竹筐、泡沫箱、塑料箱均可。③运输方法：先将小龙虾冲洗干净后放入容器内，在虾的最上面铺上塑料编织袋，浇上少量水后，撒上一层碎冰，合上盖子封好。一般情况下，一个装虾的容器需放碎冰 1~1.5kg，如用泡沫箱装小龙虾，需事先在泡沫箱上开几个小孔。④运输注意事项：一是要准确计算好运输时间。正常情况下，运输时间控制在 4~6 小时。如果时间太长，就需中途打开容器浇水、撒冰，防止小龙虾由于长时间在高温干燥环境下而大批死亡；如果中途没有条件打开容器浇水、撒冰，就需在装箱时，加大冰块的投放量。二是注意装虾的容器不要堆积得太高，正常以 3~5 层为好，以免堆积得太高，压死小龙虾。三是要使小龙虾保持一定的湿度和温度，相对湿度为 70%~100% 时可以防止小龙虾脱水，降低运输过程中的死亡率。运输小龙虾时的水温应控制在 1~7℃，这样可使龙虾处于休眠状态、可以减少氧气的消耗、避免碰伤等，有利于提高运输过程中的成活率。如果小龙虾处在 7℃ 以上、相对湿度低于 70% 时，它们能存活的时间最多不会超过一天。四是小龙虾的死亡率应控制在 5% 以内，若超过该比例，则要改进运输方法。

（2）带水运输法。小龙虾的带水运输法就是在运输容器中装水运输，一般采用活水车、塑料桶（帆布袋）、尼龙袋为装运容器。在小龙虾长途运输时采用带水运输法，可获得较高的小龙虾成活率，一般可达 95% 左右。

运输前的准备。在运输前，先将捕获上来的小龙虾停止投饵，暂养 2~3 天，使其排空肠道，提前适应高密度运输环境，以保持运输过程中水体不被污染，提高小龙虾的运输成活率。①活水车运输法：活水车车厢内安装活水箱，并配备 2 台小柴油机、1 台增氧泵、

2只氧气瓶、贮冰箱及增氧设施等。活水箱由厚度为3厘米左右的钢板制成，箱体的长、宽、高根据车辆的长、宽、高而定。箱内用钢板隔成3~5格，用于叠放盛装小龙虾的钢筋网格箱。网格箱规格一般为50厘米×15厘米×12厘米（长×宽×高）。网格箱用圆钢做架子，外包聚乙烯网片，长的一边缝上拉链，小龙虾装好后，拉上拉链，可以防止小龙虾逃逸。运输时，先在活水车内装满溶解氧充足的清水，再将小龙虾装入网格箱（每个网格箱装小龙虾8~10千克），并叠放在车厢内，同时开动增氧泵增氧。一般，一个活水箱可叠放80只虾笼，装运小龙虾600~800千克，一辆活水车可运输小龙虾1800~4000千克。运输注意事项：在运输前，检查氧气瓶是否充满，各项设施是否正常工作；在运输过程中，要有专人押车，经常检查增氧设施是否正常工作，确保能不停地送气增氧，以提高小龙虾的运输成活率。②塑料桶（帆布袋）运输法：挑选经暂养后体格健壮、附肢齐全、未受伤的小龙虾进行装运，装运时，先将水装入容器内，再把小龙虾轻轻地沿着容器内壁放入，放养密度要适量。10升容积的木桶或帆布袋可盛水4~5升，放小龙虾6~8千克。如天气较闷热，要酌情减量；反之，若天气较晴朗，水温较低，运输密度可相对大一些。同时，可以在容器内放几条泥鳅（一般一个容器内放1~1.5千克），使泥鳅在容器内上下、左右不断地活动，以增加容器中的溶解氧含量，减少虾与虾之间的斗殴，降低损伤率。若高温天气时运输小龙虾，可以在覆盖网片上加放一些冰块，融化的冰水不断滴入容器内，使水温逐渐下降，以提高小龙虾运输的成活率。此外，在运输水中加放水葫芦，便于小龙虾抱着水草，避免小龙虾下沉缺氧而死亡。

运输途中，如发现小龙虾在水中不停乱窜，有时浮在水面上，不断呼出小气泡，表明容器中的水质已变坏，应立即更换新水。开始每隔30分钟换水1次，连续换水2~3次，待污物基本排掉后，再每隔4~5小时更换新水1次。换水时，最好先选择与原虾池中水质相近的水，尽量不要选用泉水、污染的沟渠水、井水或与原来温差较大的水。如果运输时间超过1天，则每隔4~5小时翻动1次虾，将长时间沉在容器底部的小龙虾翻到上层，防止其缺氧死亡。为了确保运输成功，开始时或 24 小时后，可在容器中加放青霉素，以防止小龙虾损伤感染，一般 5 升水体放青霉素 0.01 克。用双层尼龙袋充氧运输小龙虾商品虾。

（3）封闭式充氧降温运输法。根据运输距离的远近，用特制的角钢框架将 1~2 只工业用氧气瓶分别固定在靠近驾驶室的集装箱两角处，一般一瓶氧气可连续用 3~4 小时。运输前，依次将减压阀、分流管、细软管、增氧盘连接好备用。

将称重后的小龙虾装入网格箱内，一般每只箱可装商品虾 6 千克左右，可装亲虾 5 千克左右。为保持运输途中小龙虾体表湿润，减少碰撞、挤压损伤，在虾箱内应放置适量的干净、湿透的水草，如伊乐藻、水花生等。注意运输前用虾池水浇透虾箱 2~3 次。

虾箱按"回"字形叠放至集装箱双开门处，虾箱叠放不超过 6 层，每叠箱与箱周围留 4~5 厘米的空隙，空隙处用洗净的水花生或伊乐藻填实，防止运输过程中的撞击。"回"字形中间空白处放一个角钢制作的框架，框架内放置装有冰块的泡沫箱，泡沫箱内装冰块 100~150 千克。将气石直接放在泡沫箱与冰块的空隙中，打开氧气瓶阀门，调节好气流，开始增氧，关好车门，即可运输。为使集装箱内保持适宜的氧气浓度，在集装箱门的连接处预留一小孔，其他地方用密封条封好。

封闭式充氧降温运输法适合高温天气运输。

（4）其他运输方法。①编织袋运输法：用编织袋或塑料网兜装运小龙虾。用编织袋装小龙虾时，先在袋底铺 1~2 厘米厚的干净、新鲜的水草，再放入干净的小龙虾，每袋装小龙虾为袋容量的 1/3~1/2，一般为 10~15 千克，并用细绳将袋口顶部扎紧。编织袋中不要留有空间，否则小龙虾会不安静而拼命爬动。装运前用清水喷淋袋面一次，在运输过程中，每隔 1~2 小时用清水喷淋袋面一次，整个运输过程中保持虾体湿润。用塑料网兜装运小龙虾时，每袋装小龙虾为袋容量的 1/3~1/2，一般为 5~10 千克，并使余下的网兜紧贴小龙虾在顶部打成结。装运前，在运输车底部铺上新鲜、干净的水草，

再将小龙虾整齐排放在车厢内，小龙虾装好后，最后在小龙虾上面再铺一层新鲜、干净的水草，并用清水彻底喷淋水草一次。在运输过程中，每隔 1~2 小时，用清水喷淋水草一次，整个运输过程中保持虾体湿润。用编织袋或塑料网兜装运的小龙虾不适合长途运输，一般运输时间应在 12 小时以内。②蒲包运输法：将蒲包洗净并充分吸水，再将冲洗干净的小龙虾轻轻放入蒲包内，小龙虾容量约为蒲包的 1/2，然后将蒲包上口扎紧。其次，将装有小龙虾的蒲包放入木箱或泡沫箱中，并加盖。蒲包与蒲包之间放入少量水草，以免小龙虾互相挤压。木箱或泡沫箱的箱壁上留有透气孔。在运输途中，每隔 2~3 小时，用清洁水喷淋一次，保持虾体湿润。如果在夏天高温季节，则在木箱或泡沫箱中放置 1~2 瓶冰冻的矿泉水，以降低运输温度，提高小龙虾运输中的成活率。蒲包运输小龙虾的运输量较少，适合短途运输，小龙虾成活率高。

（5）注意事项。①温度控制。虾类产品对温度敏感，因此需要在适宜的温度范围内运输。根据虾的特性，一般建议将冷冻虾保存在低温（-18℃）条件下，而鲜活虾则需要保持在较低的温度（通常在 0~4℃）下。运输过程中要保持稳定的温度，并避免温度过高或过低。②包装材料。选择适当的包装材料来保护虾类产品，在运输过程中防止虾类产品被损坏和污染。常见的包装材料包括泡沫箱、冷藏袋、保鲜膜等。包装材料应具备保温和防潮的功能，以保持虾类产品的新鲜度和质量。③避免震动和挤压。在运输过程中，尽量避免震动和挤压，特别是对于鲜活虾而言。这可以通过选择适当的运输工具和运输方式，以及合理摆放和固定货物来实现。④保持新鲜度。在货物装运之前，确保虾类产品处于最佳状态。对于冷冻虾，应保证冷冻温度稳定，并避免解冻。对于鲜活虾，应在装运前及时处理和清洗，保持虾体的新鲜度。⑤时效控制。尽量将商品虾的运输时间控制在最短的时间内，减少对虾类产品的质量和新鲜度的影响。优化运输路线和时间表，选择快速和可靠的运输方式，如冷链物流，以确保虾类产品及时送达目的地。⑥监测产品质量。在运输过程中，定期监测和检查虾类产品的质量和新鲜度。包括观察虾体外观、气味和质地等。如发现问题，及时采取相应的措施，如调整温度、处理损坏品等。⑦符合卫生和法规要求。确保商品虾的运输符合卫生和法规要求。遵守食品安全和卫生标准，确保虾类产品的质量和安全。通过合理的温度控制、选择合适的包装材料、避免振动和挤压、保持新鲜度等措施，可以有效地保证商品虾的质量和新鲜度，并确保它们在运输过程中不受破坏和污染。同时，及时监测产品质量是否符合卫生法规，也是确保商品虾运输成功的重要措施。

第七章　小龙虾养殖中常见的 问题与典型案例

从 2019 年以来，小龙虾养殖业出现了明显的变化，小规格虾的价格越来越低，中规格虾的价格略微下滑，大规格成品虾的价格同比持续上升，目前小龙虾的价格已回归到正常消费水平。因此，长期来看，往后小龙虾养殖想要持续稳定收益，需要保障成品虾的规格及出塘时间。育苗为主的市场会逐渐萎缩，出早苗、出早虾、出大虾、出晚虾是未来几年有收益的养殖模式。

一、小龙虾养殖池塘的建造

1. 如何改造稻田养虾池塘

答：稻田育苗池塘建议挖成环沟，沟宽 3~5 米，沟深 1~1.5 米。成虾养殖池塘可以不挖环沟，大面积池塘不建议开挖环沟，因为这样容易导致第二年池塘中的虾苗过多，且难长成大规格的虾。常见的小龙虾捕捞工具有地笼、虾笼、虾球、手抄网、拖网。

2. 如何建设养殖小龙虾的土塘（鱼塘）

答：小龙虾适应性强，池塘面积大小均可，小池塘更适合精养。水源条件较好，进、排水方便，交通便利，电力充足的池塘更有利于高产。

（1）选择平底、蓄水保水能力强、通风向阳的池塘。

（2）要求交通便利，进、排水方便。池埂有一定的坡度，淤泥不宜过多。

（3）池埂宽度在 3 米以上，高度为 2 米左右。在池埂上设置防逃网，周边不宜种植过高的农作物。

3. 如何建设育养分离模式苗塘

答：育养分离后，可以通过精细化管理提高虾苗塘的虾苗产量，出苗时间也能相应地提前。因此，在建设池塘时需要考虑种虾繁殖位置的多少，可打洞繁殖的位置越多，在饵料充足的情况下虾苗的产量也相对越高。此外，内埂多的苗塘也更能明显增加小龙虾的出苗数量。

4. 在只有一个池塘的情况下，如何改造才能实现虾苗、成虾的分开养殖

答：只有一个池塘时，可以在上水前，在中间坂田位置使用围网，从而将坂田与环沟隔离开。环沟用于育苗，中间坂田位置用于养殖成品虾。当环沟中的虾苗规格达到2cm后，即可转入中间围网进行成品虾的养殖。

二、小龙虾养殖池塘的管理

1. 小龙虾塘需要清塘吗？如何清塘

答：需要清塘。经过一年或多年的养殖，池塘底部淤泥容易变厚、变黑、变臭及变酸等，清塘有利于改善底泥，改善"四化"（有机化、还原化、毒性化和酸化），清除小龙虾敌害及病害传染媒介等。

清塘方法如下：

（1）育苗的池塘，一般在9~10月小龙虾打洞后进行降水清塘，使用茶籽饼或者不损伤小龙虾的药物进行清塘。其中，茶籽饼用量为每亩5~10斤。

（2）成虾养殖池塘在起捕结束后即可选择可全部杀灭鱼虾的清塘药物进行清塘，方便控制成虾密度，保障成虾养成规格。

（3）晒塘、排干池塘及沟中的积水，氧化底泥，并促使水稻秸秆分解。

注意事项：为了避免再次进水时将野杂鱼等敌害生物带入池塘，建议用80目以上的网布过滤；对于有小虾苗的池塘，注意降低清塘药物的用量。

2. 如何科学增氧

在小龙虾养殖过程中，要充分增氧，增氧的好处包括：

 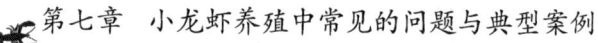

（1）增产：充足的溶氧是提高产量、增大规格的基础。

（2）保草：养殖过程中，勤增氧，促进水体流动，防止水草缺氧、烂根。

（3）改底调水：促进上、下层水体交换，增加底部的溶氧量，提高底部的氧化还原电位，改善池塘底部环境，增加水体的稳定性。

（4）降低死亡量：充足的溶氧能明显降低发病期病虾的死亡量。

（5）促进蜕壳翻倍：充足的溶氧更有利于蜕壳期蜕壳翻倍。

（6）促长：充足的溶解氧有利于小龙虾生长摄食，能够提高饵料利用率，节省成本，提高产量。

（7）曝气：曝出水中过量的气体，防止气泡病。

常见的增氧措施有机械增氧（叶轮式、水车式、浮泵和水泵等增氧设施）、人工增氧（加水、换水和使用增氧药物等）。在使用这些增氧设备时需要注意：

（1）闷热阴雨天气，白天不缺氧则不增氧，晚上提前增氧。

（2）当天早上有缺氧现象的中午多增氧，晚上早增氧。

（3）吃食不好提前增氧。

（4）缺氧浮头时多增氧。

（5）晴天中午多增氧，傍晚不增氧。

（6）有发病时持续增氧。

（7）晚上增氧后切勿中途停止。

（8）长期不增氧的池塘首次增氧时间不宜过长，防止返底。

3. 新开挖的稻田，放苗前该如何准备

答：新开挖的稻田，放种后容易出现大量死亡，为了减少损失应提前做好准备工作。

（1）清塘。新开挖的稻田，建议先将稻田灌满水，浸泡一周左右后排干。再用生石灰（50～100 斤/亩）清塘，然后重新进水，保持沟中水深在 1 米以上。

（2）解毒。放苗前要降解水中的残留毒素。

（3）试水。放苗前用青虾或小龙虾试水，如果试水不成功则需再次解毒或换水，直至试水成功。

提示：近年初春，虾苗价格回归理性，新开挖的稻田可以长期泡塘至第二年开春后再解毒放苗。长时间泡塘可有效降低池塘中的残留毒素，提高放苗成功率。

4. 小龙虾打洞繁殖时，水位多深比较合适

答：小龙虾繁殖时，一般将洞打在水面以上 10~20 厘米的地方，放种虾时坂田的水位不应加得太深，否则洞打得太高，水不易淹没洞口，小龙虾出洞的时间就会推迟，所以建议将水位加到坂田的 10~20 厘米以上。另外，为了让小龙虾打洞的地方尽可能多些，在放种虾时水位应低于内埂，将内埂露出水面，供小龙虾打洞繁殖。

稻田在水稻收割前降水时，水位接近坂田底部时稳定水位，保持坂田底部湿润，也可有效增加小龙虾的打洞位置，提高育苗数量。

5. 小龙虾苗塘与成虾塘配比多少合适

答：控制小龙虾密度的最好方法就是育养分离。苗塘以育苗为主，成虾塘投放虾苗养殖成虾，以大规格、强投喂、快起步、赶价格的模式进行操作。苗塘与成虾塘中虾数量的比例以 1：（7~10）为佳。

6. 如何管理水稻收割后的池塘

答：目前，稻田养殖慢慢转变为以早成虾为主的养殖模式。水稻收割（10 月）后，在池塘中应进行以下操作。

（1）降低环沟中的水位，抽干清塘，剩余还未打洞的小龙虾全部出售。

（2）晒塘 7~15 天，改善环沟底质。

（3）将坂田上的水稻打堆，方便年后处理剩余秸秆。

（4）上水后及时使用"碧水安"解毒，防止秸秆腐烂影响虾苗的成活率。

7. 如何在养虾的稻田中种植水草

答：稻田养殖周期较短，主要养殖周期为低温时间，所以水草种植量不需要很多。但是因为出虾时间集中，破坏水草的速度很快。所以水草种植时的重点是留足通风位置，种草是密种。种草前使用旋耕机将种草位置翻耕好，使用平铺种植或者行距、株距均为 50 厘

米的布局种植。

8. 新开挖的稻田，放种后出现小龙虾爬边、打快或在洞口死亡是什么原因？怎样预防及缓解

答：常见的原因有：

（1）水稻种植过程中使用杀虫、除草等药物，导致稻田中的农药残留过高，引起小龙虾急性或慢性中毒。

（2）水源水质差、污染严重或上水后稻草腐烂破坏水质。

（3）苗种的质量差，长途运输的外地苗或放种时操作方法不当，导致损伤过多。这种情况下一般在下种三天后才开始出现部分虾死亡，严重者全部死亡。

（4）稻田环沟过窄、水浅，导致沟中密度过大，影响小龙虾的体质。

建议：

（1）开挖稻田时应根据其面积大小保证足够的环沟面积。

（2）放种前先解毒，试水成功后再放种虾。

（3）就近购买种虾，运输时使用塑料筐盛装，避免挤压，减少种虾受伤。

（4）放种虾时在沟边投放，让其自行爬走，将受伤或打快的虾种捡出。

（5）放种后及时投喂，并泼洒抗应激药物，促进种虾恢复体质。

（6）出现死亡后，及时解毒，并配合增氧，降低死亡量。

（7）及时捞出死亡的种虾，避免被其他种虾摄食。

9. 养殖前期青苔暴发，该如何防控

答：青苔生长的适宜温度范围广，营养需求低，在养殖前期缺乏竞争，生长繁殖快，水体透明度越大，越容易大量暴发。常见原因有：

（1）小龙虾养殖水体前期大多水瘦、水浅，更适合青苔生长。

（2）早期水浅、温度低，水草和藻类生长缓慢，对青苔的竞争很弱。

（3）进水、栽种水草时带入青苔种子，此时的池塘环境适合青

苔生长，容易大量暴发。

建议：

（1）加深水位。深水位有利于水体稳定，足够的水深更有利于藻类繁殖，同时可以降低水体透明度，抑制青苔生长繁殖。

（2）适当肥水。前期尽量选用营养全面的可溶性有机肥肥水，肥效持久，培养的藻类种类更多，水体更稳定；降低水体透明度，防止青苔大量暴发。

（3）栽种水草时，尽可能挑选优质草种，避免带入大量青苔种子。

10. 青苔对小龙虾养殖有什么危害

答：主要有以下 3 点影响：

（1）青苔附着在水草上，与其争夺营养、光照和空间，影响水草的正常生长。

（2）青苔大量腐烂时会败坏水质，带来缺氧、中毒等危害。

（3）青苔大量生长时，会覆盖池塘水面，影响正常投喂和早虾的起捕。

11. 杀青苔对小龙虾养殖有什么危害

答：杀青苔的危害：

（1）青苔也属于藻类的一种，杀灭青苔的同时，对水草也有伤害，影响水草的正常生长。

（2）杀青苔后，大量青苔集中死亡，败坏水质，极易导致小龙虾缺氧、中毒、死亡。

（3）杀青苔药物的毒素残留，影响小龙虾正常蜕壳、生长。

12. 养殖前期，适当肥水对小龙虾养殖有什么好处

答：早期温度低，水体清瘦，易暴发青苔，水体稳定性差。影响小龙虾的成活率。适当的肥水有以下好处：

（1）培养小龙虾的天然饵料，促进其生长发育，提高养殖规格和产量。

（2）适当肥水，增加水体稳定性，提高虾苗成活率。

（3）促进藻类及水草生长，抑制青苔大量暴发。

（4）增加水体自净能力，防止水浑。

13. 养殖前期水肥不起来的原因是什么

答：养殖早期，很多养殖户认为肥水困难是肥料不够引起的，但是大量下肥后发现水还是没有肥起来，主要有以下原因：

（1）前期水浅，温度低、温差大，水体不稳定，藻类繁殖慢，这种情况常可通过先加深水位再下肥的办法进行缓解。

（2）水体中缺乏藻种，虽然大量施肥但没有藻类吸收利用，所以也肥不起来。因此可向池塘中加进一部分老水，补充藻种后再适当施肥。

（3）水草和青苔较多，抑制了藻类的繁殖，建议捞掉过多的水草和青苔后，再下肥。

（4）清塘时使用过量的消毒剂、清塘药抑制藻类繁殖。

（5）大量使用农家肥、化肥等，滋生了大量浮游动物，滤食藻类。浮游动物过多引起缺氧、水浑，不利于藻类的生长繁殖。应加强增氧、改底，等浮游动物繁殖高峰期后再解毒、肥水。

（6）沙底塘肥水困难，应做到少量、多次施肥。切勿一次过量下肥。

14. 为什么部分池塘使用肥水产品后，反而出现水草萎缩、"挂脏"或腐烂等现象

答：使用肥水产品后出现的水草萎缩、"挂脏"、腐烂等现象主要是由肥料的选择或使用不当造成的，常见的原因有：

（1）大量使用未发酵的农家肥，导致水体中的有机质过多，引起水草"挂脏""萎缩"。

（2）使用溶解性差的农家肥、化肥或颗粒肥等，沉底后导致局部浓度过高，水草脱水后出现"打蔫"、萎缩。

（3）下肥后碰上连续阴雨天，肥料未被充分吸收利用，加重耗氧，导致水草活力下降。

15. 如何正确选择池塘中的水草品种

答：池塘中水草的品种其实要根据我们的养殖模式和水草的习性来合理选择。

（1）稻田育苗模式：稻田育苗池不需要选择沉水水草，只需要保证池塘周边及内埂打洞区域有水游草、水花生等杂草覆盖即可。

（2）虾稻轮作模式：可以选择不种或者局部种植吃不败（伊乐藻）、菹草等低温下生长良好的水草。

（3）全年精养模式：选择吃不败为主，以适温广、生长迅速的水草为主，灯笼泡（黑藻）、鸭舌头（苦草）等耐高温的水草为辅。

（4）多批精养模式：对于早批虾、晚批虾，以种植吃不败或者菹草为主，高温期以种植灯笼泡、鸭舌头为主，这种模式对水草管理要求最低，只要保证水草在当批次养殖时可使用即可。

16. 水草长不起来的原因是什么

答：水草长不起来的常见原因：

（1）池塘小龙虾密度过大是4、5月影响水草生长的主要原因。

（2）早期池塘水位浅、温度低，影响水草生长。

（3）长期的水浑、水浓导致水体透明度低，影响水草的光合作用。

（4）过量施肥或不合理肥水导致水草黑根、烂根。

（5）4~5月，水草虫害大量暴发，水草被摄食，影响水草的正常生长。

（6）晒塘时间太久，土质过硬，不易"发蔸"，导致水草长势慢。

（7）不合理使用药物（如使用杀苔、杀藻或控草等对水草刺激性大的药物），损伤水草，导致水草萎缩或死亡。

（8）水体缺乏水草生长所需要的营养元素或营养不均衡，导致水草生长缓慢。

（9）连续阴雨天，光照不足，温度低，影响水草生长。

（10）布局不合理，局部密度低，选择局部密种以留出足够的通风沟的布局效果最佳。

17. 如何科学管理小龙虾池塘的水草

答：

（1）种草要合理布局，控制水草密度，水草占养殖面积的

50%~60%即可，坚持密种、留足通风沟的原则。

（2）定期打理水草，捞除过多水草，同时割草头，让水草在水下20~30厘米处生长。

（3）加强增氧，防止缺氧引起的烂草、烂根。

（4）定期补肥，补充水草需要的营养。

（5）定期改底，减少因底黑、底臭造成水草烂根的现象。

（6）合理投喂，防止因缺乏饵料引起小龙虾夹草。

18. 加水后为什么要及时解毒

答：小龙虾的生长及蜕壳均受水质的影响较大。外源水污染较重，有毒有害物质多，如氨氮、亚硝酸盐、重金属、硫化氢、农药残留和化工污染等，这些对小龙虾都有很大危害，所以需要及时解毒。同时，加水后水质易变化，容易引起小龙虾的应激反应，及时解毒能减小应激反应。

19. 养殖中、后期需不需要下肥？为什么

答：需要。因为池塘淤泥较多，加上高温期时大量投喂饵料，导致底质含有丰富的氮和磷而缺乏碳。所以养殖中、后期应补充以碳源为主的肥料，稳定水质，防止蓝藻大量暴发。

（1）定期补碳，均衡营养，保持水草活力。

（2）平衡藻相，保持藻类活性，稳定水质。

（3）丰富藻类，降低水体透明度，遮光、降温，防止小龙虾性早熟。

20. 阴雨天时，如何科学管理小龙虾池塘

答：长期的阴雨天延长了养殖周期，给小龙虾养殖带来了一定的困难。因此，我们要加强阴雨天的管理。

（1）加大增氧力度。阴雨天池塘的溶氧量低，会直接影响龙虾摄食，导致龙虾生长速度变慢，并且水草容易烂根上浮，严重时水草沉底死亡；池塘底部还原性增强，底泥易发黑、发臭。

（2）适当投喂。阴雨天的龙虾摄食能力减弱，应根据吃食情况，适量投喂，避免过量投喂，导致水质恶化，同时，投喂过少易导致龙虾夹草。

（3）及时解毒。阴雨天池塘的氧化还原电位低，池塘自净能力减弱，有毒物质过多积累，易引起龙虾中毒。

（4）稳定水体。长期阴雨天导致池塘生态平衡失调，解毒后及时补充微生态制剂，稳定水体，维持池塘的生物多样性。

（5）疾病预防。长期阴雨天气，池塘中的病原微生物易大量生长繁殖，要及时控制池塘中的病原微生物数量。

21. 为什么要定期改底、解毒

答：小龙虾为底栖的甲壳动物，对底层环境的要求比较苛刻，同时底层还生活着大量的病原微生物。而且水草生长对底层环境的要求也比较高，底层环境的好坏很大程度上影响着养虾的成败。随着养殖密度的加大，塘底污染加重，稻草、水草和青苔的腐烂会产生有毒有害物质，底质、水质环境不断恶化，因此提高改底、解毒的频率尤为重要。

改底的主要目的是分解底层残饵、粪便、腐烂的水草和青苔，减少底层病原微生物的数量，提高底层的溶解氧，防止底臭、缺氧，保持水体稳定。

解毒的主要目的是除去水体中积累的有毒物质，如氨氮、亚硝酸盐、残留药物和底质发臭产生的硫化氢、甲烷等有毒气体。

22. 小龙虾精养池塘出现水黑、水红现象的原因是什么？如何处理

答：水红、水黑的常见原因有：

（1）水草腐烂产生大量有机质。

（2）养殖水体严重缺氧，造成水体中还原性物质增加，导致水体发红、发黑。

（3）肥水不当导致水体中的隐藻、甲藻等带有红色素的鞭毛藻大量繁殖，导致水体发红、发黑。

（4）浮游动物（如枝角类、桡足类）大量繁殖造成水体缺氧，引起水体发红。

（5）藻类老化或倒藻后引起水体发红、发黑。

建议：

（1）养殖水体出现发红、发黑现象时，有条件的要及时加注新

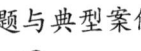

水并开足增氧设备，保证水体溶氧量。

（2）养殖过程中坚持定期改底、解毒，改善底部环境，稳定水体。

（3）加强水草管理，定期"打头"、开沟，减少水草的缺氧、腐烂。

（4）科学肥水，养殖前期肥水时尽可能选用营养全面、溶解性好的水产专用肥料。

（5）浮游动物大量繁殖时，做好增氧、解毒工作，减少危害。

23. 出现"铁锈水"的原因是什么

答："铁锈水"多数是由血红裸藻大量增殖引起的水华，一般发生在静水、有机质多的水体中，这种情况要注意多增氧，增加水体的流动性，定期改底、解毒，促进其他有益藻类的繁殖，水色自然就会好转。

24. 出现水浑的原因是什么，如何处理

答：常见原因有：

（1）新开挖的池塘或稻田养虾池塘前期底肥不足，导致水草、藻类生长缓慢，净化能力不足。

（2）水中浮游动物大量繁殖，造成水白浑。

（3）下雨过后，大量泥土颗粒进入水体引起水浑。

（4）饵料投喂不足，小龙虾或野杂鱼争夺食物引起水浑。

（5）昼夜温差大，导致池塘返底，大量有机质进入水体造成水浑。

（6）水草快速生长，大量消耗水体中的碳源，引起水白、水浑。

（7）缺氧或应激导致小龙虾大量活动而引起水浑。

建议：

（1）给新开挖的池塘或稻田养虾池塘施足底肥，养殖过程中肥水保草、稳定水质。

（2）浮游动物大量繁殖时，做好增氧、解毒工作，降低危害；待其高峰期过后及时补肥，恢复水质。

（3）阴雨天气过后，及时解毒调水、改善水质。

（4）搭建饵料台，科学投喂，保证小龙虾正常生长。

（5）加深水位，定期改底，分解残饵粪便；分解悬浮有机质，保持水草活力。

（6）水草快速生长期时，定期补充碳源，稳定水体。

（7）天气剧烈变化前后，做好增氧工作。

25. 为什么稻田养虾容易出现水红、水黑的现象

答：稻田养虾时水体发红、发黑主要是稻田中秸秆大量腐烂所致。

建议：

（1）不要在田中留过多或过长的秸秆及碎草，适当捞出部分，减轻污染。

（2）水源条件好的池塘应适当换水。

（3）适当肥水、补菌，稳定水质，利用藻类、有益菌加快有机质的分解。

（4）及时解毒，防止有毒、有害物质影响小龙虾的生长。

（5）水稻收割后，将水位保持在内埂以下，减轻秸秆腐烂对环沟中水质的影响。

26. 蓝藻暴发的原因是什么

答：蓝藻喜高温，耐强光，在富营养化的静水中很容易大量繁殖。近年来，随着养殖密度越来越高，养殖环境不断恶化，导致高温期蓝藻频繁暴发。蓝藻暴发的主要原因有：

（1）高温期的水温高，光照强，抑制了水草及其他藻类的正常生长，给蓝藻生长提供了有利条件。

（2）池塘前期用肥不当、投喂过量或高温时水草腐烂，导致水体富营养化。

（3）清塘不彻底或高温期加水带入蓝藻种子。

（4）水体缺乏碳源，水草及有益藻类生长受到抑制，蓝藻更易暴发。

预防：

（1）定期改底、解毒，分解残饵粪便，减轻污染。

（2）定期补碳、补菌，促进有益藻类生长，保持水草活力，抑制蓝藻暴发。

（3）养殖过程中，有条件的养殖厂要勤开增氧设备或定期换水，促进水体循环，提高池塘溶氧，防止蓝藻大量暴发。

（4）科学施肥，选择营养全面、可溶性强的有机肥，避免因肥料选择不当，大量不溶解沉底而造成高温期水体富营养化。

（5）暴发过蓝藻的池塘，适当提高滤食性鱼类的投放数量及规格，高温期根据池塘情况及时补放滤食性鱼类"寸片"。

（6）搭建食台，注意观察摄食情况，避免过量投喂；已出现蓝藻的池塘，应减少冰鲜鱼的投喂量。

（7）彻底清塘，减轻底泥富营养化程度；清除蓝藻种子。

（8）及时捞出腐烂水草，减轻池塘污染，防蓝藻暴发。

27. 水草根部发黑、腐烂的原因及处理方法

答：

（1）池塘水草过密，底层长期缺氧，水草根部不能进行正常呼吸。

（2）长期不改底而造成底泥发黑、发臭。

（3）水草缺乏营养（如碳、硼）。

（4）不正确施肥及滥用控草、杀藻药物等。

处理方法：

（1）定期做好水草管理，防止生长过密。

（2）定期晒塘、清淤，并且养殖过程中定期改底。

（3）定期补充水草所需碳源同时净化水体。

（4）合理施肥，不滥用控草药物。

28. 池塘中没水草了，该如何管理

答：池塘没有水草后：

（1）有条件的池塘要定期适当加注新水，多开增氧设备，促进水体流动，提高水体溶氧。

（2）定期改底解毒，改善池塘环境，适当补肥、补菌，净化水质。

（3）及时补充一些耐高温、不易腐烂的水草（如水花生、水葫芦或地绊茎等），为小龙虾提供隐蔽、蜕壳场所。

（4）合理投喂。高温闷热天气时，及时减少投喂或停食，防止池塘缺氧。

（5）适当加深水位，稳定水质，防止底部水温过高引起小龙虾性早熟或发病。

（6）及时起捕，降低密度，降低池塘负荷，减轻池塘环境压力。

29. 高温期暴雨过后，小龙虾死亡量突然增加的原因是什么？如何处理

答：常见原因：

（1）连续高温，下暴雨后水体上、下层对流，易造成返底，大量有毒、有害物质（如亚硝酸盐、氨氮等）进入水体，小龙虾容易中毒、发病、死亡。

（2）暴雨前气压低、天气闷热，易造成水体缺氧，加速部分体质弱的小龙虾死亡。

（3）暴雨过后池塘易倒藻，产生大量藻毒素，造成小龙虾中毒死亡。

（4）暴雨后致病菌易大量滋生，诱发小龙虾病害。

处理方法：

（1）暴雨多发季节时，多增氧、勤改底，改善池塘底部环境，缓解底部耗氧。

（2）暴雨前、后及时减料或停料，减轻小龙虾消化负担。

（3）暴雨前、后及时解毒，稳定水质。

30. 出现"底皮"的原因是什么

答："底皮"主要是一些底栖藻类和有机质。一般底部有机质过多或大量投放溶解性差的肥料，更容易出现"底皮"。小龙虾养殖的水体，前期大多水浅、透明度大，塘底容易滋生大量底栖藻类。养殖前期，不合理施肥，导致底栖藻类越长越多，尤其是晴天中午，光合作用旺盛，"底皮"表面易形成大量气泡，导致部分"底皮"上浮。高温季节，池塘缺氧后，底栖藻类大量死亡，腐烂发酵后易

浮出水面。

31. 出现"幔子"的原因是什么？如何处理

答：常见原因有：

（1）养殖过程中出现倒藻或返底时，大量死亡藻类或有机质上浮形成"幔子"。

（2）投喂量过大时，水中残饵粪便增加，导致水体污染严重，形成"幔子"。

（3）养殖过程中水草、青苔腐烂，产生大量有机质，水面出现"幔子"。

（4）池塘中生物大量死亡、腐烂，形成"幔子"。

处理：

（1）及时改底解毒，减少危害。

（2）使用"利菌多"，分解"幔子"，净化水质。

（3）情况严重的及时换水，加大增氧力度，减轻危害。

（4）及时捞出腐烂物质。

32. 小龙虾塘常常 pH 值偏高的原因是什么

答：单纯 pH 值过高不会对小龙虾产生影响，但变化过大会造成小龙虾应激。小龙虾池塘一般水草多，当水草生长旺盛，活力好，光合作用强时，消耗的二氧化碳多，水体缺乏碳源，导致 pH 值变化过大。大量补充碳源，增强水体稳定性，防止 pH 值变化大影响小龙虾生长。

三、小龙虾的苗种繁育及健康养殖

1. 如何选择优质苗种及种虾

答：选择标准如下：

（1）体质健壮，肢体完整、无残肢。

（2）体色鲜亮，活力强。

（3）规格均匀，虾苗规格为 60～100 头/斤，种虾规格约为 20 头/斤。

（4）就近购买，避免长途运输影响苗种体质。

（5）尽量避免从发病池塘中购买苗种，杜绝购买"药苗"。

2. 稻田养虾时，在什么时间放种虾？每亩放多少种虾合适？放多大规格

答：小龙虾的繁殖主要集中在8~10月，所以尽量在11月之前放种虾。一般25克左右的母虾就具有较强的繁殖能力，所以向新挖的稻田中放种时放25克左右的种虾就可以了。

最近两年新开挖的小龙虾养殖面积减少，虾苗需求快速降低。小龙虾育养分离的模式将成为主流。苗塘以育苗为主，每年7~8月补充10~50斤种虾不等，第一年新挖育苗池塘的种虾投放量为100~150斤/亩。成虾养殖池塘中不需投放种虾，甚至需降低留塘种虾的数量。

3. 如何确定小龙虾放养密度

答：最近两年随着养殖面积及产量的增加，大规格与中、小规格成虾的价格变化越来越明显。中、小规格成品虾价格同期都明显降低，但是大规格虾的价格还算慢慢稳步上涨，所以小龙虾规格成为养殖盈利的关键因素之一。

（1）种虾放养密度：若设计亩产在200斤左右，则种虾放养量一般为50~70斤/亩（对于新塘），规格在25克以上，放养时间一般在8~10月。

（2）苗种放养密度：由于老塘有种虾，可以自繁自育，不需要投苗，甚至需要根据池塘情况适当起捕虾苗，降低池塘密度。在育养分离的成虾养殖塘中每一批投放虾苗3000~4000只/亩。在每一批起捕一半以上的成品虾后投放第二批虾苗。如果塘中的小龙虾在发病期，则最好等上一批起捕结束后再投放虾苗。

4. 小龙虾的繁殖高峰期是什么时间？该如何管理

答：小龙虾属一次交配分批产卵类型，一般情况下，8~9月为交配集中期。4~5月、9~10月为产卵孵化高峰期。产卵量随个体大小和性腺发育程度而异，一般每次产卵300~500粒不等。按雌虾体重换算大约10粒/克。

在繁殖育苗期要进行科学管理：

（1）9~10月适当降低水位，促进小龙虾打洞繁殖；10~12月根据小龙虾产卵孵化程度加水促进虾苗出洞。

（2）9~10月仍要给亲虾投喂高蛋白质、高能量的饲料，为小龙虾产卵孵化提供营养；11~2月配合投喂粉状饲料，提高虾苗的成活率。

（3）在11~12月出苗高峰期时定期补肥，补充池塘中的天然饵料。

（4）虾苗规格达到1.5厘米以后及时投喂颗粒料，促进幼苗生长发育。

（5）9月适当清除野杂鱼，减少对稚虾的影响。

5. 小龙虾苗什么时候出洞？什么时候较合适捕捞空壳虾

答：小龙虾交配后，在洞里产卵孵化，孵化完成后才会出洞，出洞主要集中在4~5月和10~12月，因此在这些月份适合捕捞空壳虾。

6. 为什么不同的养殖水体中小龙虾苗的出洞时间不一样？如何使小龙虾早出洞

答：小龙虾多数在秋冬季节繁殖，抱卵越早，温度越高，孵化越快，出洞时间越早。不同养殖水体的水质、底质和管理方法不同，导致虾种的体质、营养积累不同，影响种虾的性腺发育，使种虾的产卵时间出现差异。另外，由于小龙虾在洞穴内繁殖，部分池塘前期水位过浅也容易导致成熟的虾苗不能及时出洞。

为使进小龙虾早出洞，建议：

（1）投放种虾后逐渐降低水位，促进种虾打洞繁殖。

（2）新投放种虾的池塘要尽早投喂，留种虾的池塘尽量推迟停食，增加种虾营养积累，促进种虾性腺发育。

（3）当池塘出现小虾苗后，及时加深水位，适当肥水，稳定水体，使抱籽虾及虾苗早出洞。

（4）提早放种。

7. 怎样提高越冬期小龙虾苗的成活率

答：

（1）适当肥水。越冬前适当肥水，保持水体稳定，同时培养饵料生物，提供天然饵料。

（2）加深水位。保持平台水位在50厘米以上，足够的水深有利于饵料生物的生长及水温的稳定，更有利于小龙虾越冬。

（3）合理投喂。新挖稻田的种虾下塘后提早投喂，老塘推迟停食，保证种虾营养积累，促进性腺发育。小虾苗出洞后要及时补充粉状饵料，保证营养，提高成活率。

（4）定期解毒。养殖过程中定期解毒，降解水中的有毒、有害物质，改善水体环境。

（5）将养虾稻田中的秸秆打堆，促进冬季草堆发酵保温，持续提供天然饵料供虾苗摄食。

8. 越冬期，小龙虾是否需要投喂？投喂什么饵料合适

答：冬天气温低，但只要不结冰，小龙虾都会吃食，所以冬天也需要投喂。可以投喂菜籽饼、豆渣或米糠等粉状饲料，便于虾苗摄食，提高虾苗越冬的规格及成活率。根据天气、温度及吃食情况来调整投喂量和投喂频率，投喂时应以深水区为主。

9. 小龙虾在不同生长阶段有什么样的食性特点？该如何投喂

答：

（1）幼苗期：个体一般在5克以下，以腐殖质、着生藻类、浮游生物或粉状饲料等为食。

（2）生长期：以杂食偏肉食性为主。以颗粒饲料、冰鲜鱼、小麦、黄豆等饵料为主。既可单独投喂，也可混合投喂。

（3）繁殖期：由于小龙虾的性腺发育对蛋白质和能量的需求较高，此时以高蛋白质、高能量的配合饲料、冰鲜鱼和黄豆等为主。

10. 怎样提高早批虾或晚批虾的产量和规格

答：早批虾：

（1）早投种。8月中旬之前将种虾投放到位，促进种虾早繁殖。

（2）早投喂。下种后，及时投喂，虾苗出洞后及时增加粉状饵料，保障虾苗在越冬期正常生长。

（3）深水位。11月发现小虾苗出洞后，及时加深水位，提高虾苗成活率。

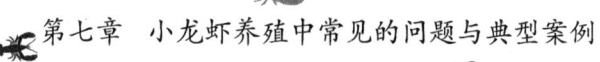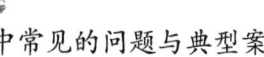

（4）勤补肥。虾苗出洞后，选择晴好天气及时肥水，稳定水质，提供天然饵料。

晚批虾：

（1）浅水位。3~5 月保持池塘浅水位，避免过多的小龙虾出洞。

（2）控密度。冬季清塘，清除低水位洞中的龙虾及塘中的早虾。

（3）保水草。养殖后期，水草是决定池塘晚批虾产量和规格的关键因素。

（4）勤补苗。7~8 月，根据池塘虾苗数量及时补苗，稳定池塘效益。

11. 投放小龙虾苗种时，如何操作更合理

答：

（1）优先选择距离近、没有发病的池塘中的小龙虾作为苗种，以路程不超过 30 分钟最佳。

（2）冬、春季放养时尽量选择在晴天上午进行，夏季、秋季放养时，选择晴天清晨或不缺氧的阴雨天进行，避免阳光暴晒。

（3）从外地购进的苗种，因离水时间较长，放养前应先缓苗、吐水。将苗种在池水内浸泡 1 分钟左右，提起搁置 2~3 分钟；再浸泡 1 分钟左右，如此反复 2~3 次，让苗种体表和鳃腔吸足水分后再投放，提高成活率。就近购买的苗种，直接下塘或简化上述操作。

（4）投放苗种时应放在沟边，多点投放，让其自行爬走，拣出弱虾及死虾。

（5）投放苗种后，及时泼洒抗应激药物，增强体质，减少应激。

（6）投放苗种后 3~5 天，要注意防细菌感染。

12. 放苗后出现大量死亡的原因是什么？如何预防

答：近年来不少养殖户朋友反映，小龙虾放苗后很容易出现死亡。特别是外地虾苗经过长途运输更容易出现大量死亡。主要原因如下：

（1）清塘后未及时解毒，池塘中有药物残留。

（2）外地苗种经过长途运输后体质下降。

（3）苗种来源不明，可能是经过倒卖的苗种或源于发病池塘的苗种。

（4）虾苗起捕、运输过程中受伤后继发细菌感染。

（5）苗种在原来池塘已经发病。

（6）下苗时应激反应较大。

预防方法：

（1）弄清苗种的来源，尽量采用本地苗。

（2）新开挖池塘要泡塘换水后再进苗，尤其是稻田养殖。

（3）放苗前2~3天解毒并肥水。

（4）解毒后一定要试水。

（5）放苗前后泼洒抗应激药物。

13. 稻田养虾放种后是否需要投喂？如何投喂

答：一般放种时，小龙虾还处于正常摄食阶段，且性腺发育还未完全成熟，为保证种虾正常生长繁殖，适量的投喂是必要的。适量投喂的好处有：

（1）均衡营养，保证满足种虾的营养需求，促进种虾性腺发育，更有利于虾种抱卵繁殖。

（2）提供充足的饵料，有利于提高小龙虾越冬的成活率。

投喂时根据天气及小龙虾摄食情况及时调整，以高能量、高蛋白质和不易溃散的饵料为主（如黄豆、玉米和鲜鱼等），也可用专用配合饲料。

14. 如何选择小龙虾池塘套养品种

答：养殖成虾的池塘以套养花鲢、白鲢等滤食性鱼类为主，可以防止水体中浮游生物过量繁殖（如蓝藻、"小白虫"等），也能减少水中的有机碎屑，调节池塘水质，改善小龙虾的生长环境。小龙虾为底栖动物，单养时水体空间利用不充分，适当套养花鲢、白鲢，能够提高池塘的综合经济效益。投放比例为1∶3，每亩投放白鲢50~80尾，每亩投放花鲢20~25尾。淤泥深、投喂量大、放养密度大的池塘可以适当加大花鲢、白鲢的放养量，沙底池塘适当少放。育苗池塘不建议套养其他品种。

15. 池塘中小龙虾密度过大，该如何管理

答：小龙虾密度过大，易破坏环境，影响成虾规格，易发病，

加大管理难度。

建议:

(1)及时起捕,降低密度,降低管理难度。

(2)加大投喂量,保证营养,减少对水草的破坏。

(3)加强改底、提高解毒频率,减少塘底残饵粪便的积累,营造良好的生长环境。

(4)溶氧量低会限制产量,增氧才能增产。小龙虾密度过大时,多增氧,保证水体溶氧量,从而提高小龙虾产量和规格。

(5)增强体质,提高抗病能力,减少发病。

(6)适当加深水位,增加小龙虾生长活动的空间。

16. 小龙虾养殖高峰期时,如何投喂既能降低养殖成本又能保障养殖效益

答:

(1)足量、多餐投喂。养殖高峰期为了保证小龙虾正常生长,尽量早、晚各投喂一餐,提高饵料利用率,减少浪费。

(2)投喂时根据天气及小龙虾的摄食情况,及时调整投喂量。尤其在高温阴雨、闷热天气时,及时减料或停料,减少耗氧的同时避免饵料浪费。

(3)尽量以营养全面、容易消化吸收的饵料为主,保证营养的同时更有利于消化吸收。

(4)日常投喂过程中添加微生态制剂,有利于提高饲料的利用率,减少残饵粪便。

(5)养殖过程中多增氧、勤改底、常解毒。保证池塘的溶氧量,充足的溶氧不仅有利于提高饵料的消化吸收利用率、降低饲料成本,更有利于提高小龙虾的产量及规格。

17. 小龙虾还没长大就变红了的原因是什么

答:小龙虾变红是成熟的表现,变红后蜕壳时间明显变长,生长速度减慢。随着养殖时间的延长,近年来小龙虾未长大就变红的现象越来越明显,常见有以下几个原因:

（1）池塘密度过大，小龙虾易变红。

（2）缺食、营养单一时，小龙虾易变红。

（3）长期缺氧，小龙虾易变红。

（4）池塘水位浅、水温高，小龙虾易变红。

（5）池塘底质恶化、底臭、底脏，小龙虾易变红。

18. 如何科学选择改底产品

答：小龙虾为底栖动物，对底质环境更为敏感。为防止残饵粪便等对小龙虾蜕壳、生长造成不良影响，养殖过程中需要定期改善底质。目前市场上常见改底产品类型见表7-1。

表7-1　常见改底产品类型比较

种类	成分	优点	缺点
吸附型	沸石粉、麦饭石、活性炭等	用后水会变得清爽	对有害物质本身的特性没有改变，只是沉降到池底，水是清了，却加重了底臭
絮凝型	聚合氯化铝、硫酸铝、明矾等	用后水体会分层，中上部水体会变得澄清	底层会有大量云雾状的絮凝胶状物，故在生产上使用后也会加重底层缺氧
离子交换型	含EDTA或以硫代硫酸钠为主	降低水中或底层氨氮重金属的阳性有害物质，或用于氯溴碘化物、高锰酸钾等阳性氧化物中毒时解毒用	对水中或底层带负电荷的酸性有害物质的效果很差
活菌降解型	芽孢杆菌、硝化细菌、光合细菌、乳酸菌、酵母菌	分解迅速、彻底	使用条件要求较高，一般需要较高的溶解氧，很多池塘不具备这个条件
降解型	卤素类、碱性金属盐类等氧化剂以及一些表面活性剂类	不受天气水温等环境因素的影响，这些产品在生产上应用较为广泛	—

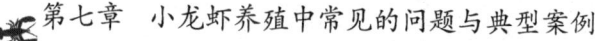

19. 下风口出现大量"碎草"是什么原因

答：常见原因有：

（1）投喂不足或营养不均衡，导致小龙虾"闹食"而出现夹草。

（2）塘底残饵粪便大量积累，导致底脏、底臭，产生大量有毒、有害物质，小龙虾出现应激而夹草。

（3）天气突变、缺氧引起小龙虾应激，出现夹草。

（4）人为操作不当（如拉草、大量换水或使用刺激性药物等）造成小龙虾应激，出现夹草。

20. 小龙虾早晨爬坡、上草和傍晚爬坡、上草有什么区别？分别是什么原因

答：

（1）小龙虾傍晚或白天爬坡、上草，一般在高温期比较常见。由于大量投喂造成底层的残饵粪便积累，同时部分池塘水草沉底、腐烂加重底层污染。高温闷热天气，底部发酵产热、耗氧加剧，造成塘底水温高于表层水温（俗称"底热"），引起小龙虾傍晚上岸。

（2）小龙虾后半夜爬坡、上草大多是缺氧造成的。养殖水体在晚上的呼吸作用增强，耗氧增多，溶解氧逐渐降低，到了后半夜至早晨期间，池塘缺氧逐渐加重，小龙虾出现爬坡、上草。

建议：

（1）养殖过程中多增氧、勤改底，分解残饵粪便，减少底层耗氧，防"底热"。

（2）发现小龙虾爬坡、上草时，有条件的养殖厂要及时加注新水或开启增氧设备，促进水体流动，防缺氧诱发小龙虾发病或加重死亡。

（3）为防止小龙虾上岸时间过长影响生长或造成死亡，可根据情况进行增氧解毒，减少损失，情况严重时需配合大量换水才能缓解。

（4）爬坡、上草的小龙虾数量过多或持续时间较长时（连续多天），应及时起捕出售。

21. 水草挂脏的原因是什么？如何处理

答：养殖过程中水草"挂脏"的常见原因有：

（1）长期水浑、水浓，影响水草的光合作用，导致水草活力下降，易挂脏。

（2）水体缺氧导致水草烂根，活力下降，黏附大量有机质，形成挂脏。

（3）青苔黏附在水草上，造成水草挂脏。

（4）水体中缺乏水草生长所需的营养，自净能力下降。

（5）使用了对水草刺激性大的药物，导致水草活力下降、萎缩、挂脏。

（6）连续阴雨天，光照弱，水草净化能力弱。

（7）水草的生长空间长时间受到限制（水浅、草密等），水草老化，活力下降。

（8）用肥不当导致水体过肥、过浓，造成底部缺氧，导致水草挂脏、腐烂。

建议：

（1）定期改底、解毒，分解水体中的有机质，净化水体，保持水质清爽。

（2）及时割草、打头，拉草、开沟，促进水体流动，给水草留足生长空间。

（3）定期补肥、补菌，保持水草活力，增强自净能力。

（4）适当加深水位，保持水体稳定，促进水草生长。

（5）科学使用药物，避免对水草产生刺激。

（6）高温期，有条件的池塘要多增氧，促进水体流通，保障溶氧，减缓水草腐烂。

22. 小龙虾蜕壳时出现大量伤亡的原因是什么？如何处理

答：常见原因有：

（1）蜕壳时缺氧，造成大量死亡。

（2）蜕壳期间，水中毒素残留过多，导致小龙虾中毒，蜕壳时易造成死亡。

（3）蜕壳期间使用刺激性大的药物或操作不当（拉草、大量进排水等），易引起软壳虾死亡。

（4）蜕壳期遇上天气突变，导致软壳虾应激死亡。

建议：

（1）养殖过程中坚持定期改底、解毒，改善水体环境，减少蜕壳损失。

（2）蜕壳期间加强增氧，保证水体溶氧，防缺氧造成蜕壳虾死亡。

（3）蜕壳期以稳定环境为主，避免人为操作干扰小龙虾蜕壳。

（4）天气突变时，及时增氧、抗应激，降低天气变化对蜕壳的影响。

23. 如何提高小龙虾蜕壳的成活率

答：小龙虾蜕壳需要良好的水体环境，才能进行吸水膨胀。因此，只有在低毒、高氧且营养全面的条件下才能完成正常蜕壳。

导致小龙虾蜕壳成活率低的原因：

（1）水体环境差，有毒物质过多，蜕壳时吸水膨胀受影响。

（2）发病，虾体质弱，不能完全蜕壳。

（3）没有水草附着物，蜕壳环境不能满足其需要。

（4）凶猛性鱼类或底栖鱼类过多。

（5）池塘周边噪音过大，不能使其在安静的情况下蜕壳。

处理方法：

（1）减少水体毒素，解除水里的有毒物质。

（2）内服保健，增强体质，补充营养，减少发病。

（3）补钙，甲壳动物在养殖过程中需要补充大量的钙元素，尤其是蜕壳期间。选择全溶性、无残留且无刺激的复合有机钙，快速硬壳，提高蜕壳成活率。

（4）做好池塘管理，多增氧，勤改底。

24. 为什么高温期暴雨过后蜕壳的小龙虾比较多

答：在养殖中、后期，池塘水温高、溶氧易偏低，不利于小龙虾蜕壳。而暴雨后，水温、气温下降较多，水体溶氧饱和度上升，再加上环境变化，容易促进小龙虾集中蜕壳。

25. 进笼子里的小龙虾出现死亡，而池塘里的则没有出现死亡是什么原因

答：笼子里出现死虾，主要是局部缺氧导致的，有以下常见情况：

（1）发病季节，小龙虾染病体质弱，进笼子后容易出现缺氧死亡。

（2）投喂不当导致小龙虾生理性缺氧，造成小龙虾进笼死亡。

（3）不合理用药（如大剂量杀虫、消毒等）导致刺激过大或养殖水体中药物残留，影响小龙虾体质，造成小龙虾进笼死亡。

（4）天气多变、水体不稳定容易造成缺氧，导致小龙虾进笼死亡。

（5）高温期水草、青苔等腐烂，有机碎屑大量积累，产生大量有毒、有害物质，导致小龙虾进笼死亡。

建议：

（1）养殖过程中多增氧、勤改底，改善底质，减少耗氧。

（2）合理投喂。天气变化前、后适当减少投喂或停料，减轻小龙虾的消化负担，防止生理性缺氧，减少死亡。

（3）高温期杀虫、杀藻、消毒或阴雨天气过后，及时解毒，降解有毒、有害物质，改善水质。

（4）天气变化前后或小龙虾大量发病时，地笼尽量迟放、早起，减少地笼内小龙虾的存放密度和存放时间。

26. 小龙虾在地笼内无力或死亡的主要原因及处理方法
答：

（1）地笼放在池塘里的时间过长，大量的虾进入地笼且长时间聚集在地笼里面导致缺氧。应当适当增加地笼的投放数量，减少地笼在池塘的投放时间，晚下、早收。

（2）气候异常时地笼内容易出现严重缺氧现象，导致小龙虾大量死亡。可提前在放地笼的位置撒增氧剂减少缺氧。

（3）在发病期下地笼，发病的小龙虾进入地笼后体质较弱，更

易死亡，建议在发病期勿下地笼。

（4）水质恶化，水体氨氮、亚硝酸盐等超标，小龙虾中毒后，进入地笼也容易出现这种情况。建议经常检测水质，定期解毒改善水质。

27. 小龙虾吃食差的原因是什么

答：养殖过程中小龙虾出现吃食差，常见原因有：

（1）天气突变，小龙虾缺氧、应激，出现爬边、上草等行为而影响摄食。

（2）小龙虾为底栖生物，底臭、底脏将直接影响其生长和摄食。

（3）大量使用刺激性较大的药物（如漂白粉等）后，小龙虾受药物刺激或毒素影响，造成吃食量下降。

（4）发病时，如发生肠炎、感染寄生虫等影响小龙虾摄食。

（5）突然更换饵料或饵料腐败变质等会影响吃食。

（6）天然饵料充足时（如水蚯蚓、蚬等），投喂的人工饵料摄食较少，出现吃食差。

建议：

（1）多增氧、勤改底，减少底部耗氧。

（2）使用刺激性大的药物后及时解毒降药残，恢复水质，改善吃食。

（3）科学投喂，并注意查看饵料品质，防过量投喂而污染水质或投喂霉变、腐败变质的饵料诱发病害。

（4）定期查看小龙虾的生长情况，及时做好防病工作。

28. 影响小龙虾、河蟹混养塘双丰收的因素都有什么？如何改善

答：常见影响因素：

（1）增氧能力不足，溶氧限制产量。一定增氧能力前提下，养殖水体的载渔量是相对固定的，小龙虾多了河蟹就少了；反之亦然。

（2）密度过大。小龙虾大多自繁自育，虾蟹混养水体，小龙虾的密度不可控，易造成环境压力过大，池塘环境被过早破坏，影响最终产量。

（3）投喂不足，由于虾蟹特殊的生活习性，无法准确观察其摄

食情况，往往造成前期投喂不足影响虾蟹存活率。

（4）小龙虾、河蟹混养，池塘密度高，管理难度大，问题频发。

建议：

（1）加大增氧力度，提高池塘鱼载量。

（2）早期在池塘中间插围网，降低小龙虾对河蟹及水草的影响，降低池塘管理难度。

（3）定期改底解毒，改善环境，减少病害。

（4）及时起捕，降低池塘密度，减轻池塘环境压力。

（5）制作料台，做到合理投喂，保证营养，减少浪费。

29. 如何提高小龙虾养殖的成功率

答：近年来，随着小龙虾市场的火爆，养殖的多但养成的少，经济效益低。为了提高小龙虾养殖的成功率，有以下6个措施：

（1）合理的密度。密度过大会引起小龙虾规格小，发病率高；密度太小，产量低，效益低。根据池塘情况合理安排放养密度。

（2）水草的管理。在小龙虾养殖中，水草至关重要，可起到净化水质、稳定水体、蜕壳附着、提供溶氧、补充天然饵料和遮荫等作用。故种植时需合理布局，养殖过程中要正确地管理。

（3）充足的溶氧。提高水体的增氧效率，提高净水能力。增氧能在浮头时发挥急救作用，稳定水质、提高饲料消化率，降低饵料系数，还能促进水中藻类、微生物和浮游动物的生长繁殖，提高整体净水能力，提高产量。加开增氧机，平时常用增氧剂进行增氧。

（4）稳定的水质。只有保持水体水质稳定，水体中的微生物、浮游生物种群才能稳定，动物机体保持健康状态，减少发病，这是高产的基础。

（5）优良的底质。底质优化是水体稳定的关键，底好水才会好，水草才会生长旺盛。有条件的可增加增氧机，每7~10天改底一次。

（6）疾病的预防。小龙虾养殖过程中，对虾白斑综合症病毒尤为厉害，一旦发生，死亡率高，成活率低，做好预防是关键。平时内服保健，提高免疫力，增强体质；通过环境的改良以及充足的溶氧，为小龙虾提供良好的生长环境。

 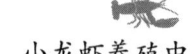

所以，"可控生态养殖"理念是提高小龙虾养殖成功率的必由之路。

四、小龙虾养殖过程中的常见病害

1. 如何减少吃草虫对水草的影响

答：本地区常见的吃草虫一般是指环足摇蚊幼虫。幼虫期只有5~7天，以水草为食。摇蚊将卵产于水面，大多黏附在出水的水草上孵化，从上往下摄食水草。根据其习性特点，在4~5月虫害高发季节，保持深水位，及时打头，防止水草出水，可有效防控。当池塘已出现吃草虫时，及时补肥，加快水草生长，减轻虫害对水草的影响。

2. 池塘出现小白虫对小龙虾有什么影响？怎么处理

答：养殖水体中大量出现的小白虫大多是枝角类，它主要滤食细菌、单细胞藻类和有机碎屑。一般不会对小龙虾造成直接危害，对于小龙虾苗来说还是非常好的天然饵料。但是容易造成养殖水体缺氧或脱肥，从而出现水瘦、水浑现象。

小白虫大量繁殖的常见原因有：

（1）随着养殖密度加大、残饵粪便的累积，养殖水体的有机污染加重，为小白虫的生长繁殖提供了条件。

（2）养殖前期不合理地施肥（如使用颗粒性有机肥、农用化肥或溶解性差的肥料等），导致颗粒性有机碎屑大量积累和小型藻类的过多繁殖，为小白虫的生长繁殖提供了大量饵料。

（3）昼夜温差大，水体易对流，将塘底的虫卵带入水体，导致枝角类大量暴发。

建议：

（1）养殖过程中定期改底，分解塘底的残饵粪便，抑制小白虫虫卵萌发。

（2）选用可溶性水产专用有机肥肥水，提高肥料利用率，减少污染，防小白虫大量暴发。

161

（3）小白虫大量繁殖时，做好增氧、解毒工作，降低危害，待其高峰期过后根据水质情况及时补肥。

（4）严重时可采取灯光诱捕、抽滤等方式控制枝角类数量。

3. 小龙虾出现趴边无力，尤其是大规格虾死亡的原因是什么

答：引起小龙虾趴边无力的原因主要有：

（1）发病。在养殖过程中，大多数疾病都会引起小龙虾无力趴边，尤其是感染对虾白斑综合症病毒时最为严重。

（2）中毒。池塘中藻类（蓝藻）死亡后，大量产生藻毒素引起龙虾中毒；用完杀虫药后，药物残留；外源性水受污染严重，如农药、工业废水；氨氮、亚硝酸盐或 pH 值超标。

（3）长期缺氧。池塘增氧能力不足，加上池塘有机污染严重，水草过多，龙虾密度过大，尤其是长期阴雨天气时会加重池塘的缺氧情况。

（4）纤毛虫。在污染严重的池塘，体弱龙虾容易被纤毛虫寄生，导致呼吸困难。

4. 从每年 4 月中旬前后开始，小龙虾常出现大量死亡的原因是什么

答：从每年 4 月中旬开始，很多池塘开始出现小龙虾上草、打快、死亡等现象，死亡量大，一直持续到 6 月底。死亡的小龙虾的主要症状有空肠，头胸甲内积水，内膜易脱落或已脱落。这种死亡症状是环境不适引起的对虾白斑综合症病毒病。

5. 感染对虾白斑综合症病毒的小龙虾有哪些典型症状？如何预防

答：小龙虾易感染对虾白斑综合症病毒的水温多在 20~30℃。病虾的典型症状有趴边、上草、打快及无力，对外界刺激反应迟钝，空肠、空胃，头胸甲易剥落，头胸甲内膜易脱落，头胸甲及胃内有透明积液等。

主要危害：肝胰腺为对虾白斑综合症病毒的主要靶器官，危害小龙虾的消化系统和免疫系统，造成感染虾抗应激能力下降，影响

生长，进而发病、死亡，极易造成大量损失，甚至全军覆没。

预防措施：

（1）加大增氧力度，足够的增氧能力是降低病虾损失的前提。晴天中午多开增氧机（12时至下午3时），阴雨、闷热天气的晚上要早开增氧机，防缺氧加重死亡。

（2）定期打理水草，以不影响水体循环流动为最低标准，勤打头、开宽沟、抽循环水。

（3）科学投喂。少量多餐；阴雨闷热天气时，应及时减料或停料，防止小龙虾消化负担过重而加重死亡。

（4）定期解毒和改底，稳定水质，防水质突变诱发、加重死亡。

（5）及时捞出死亡的病虾，深挖掩埋。天气晴好时，可外用刺激性小的消毒剂，控制传染。

（6）及时起捕，降低密度；地笼迟放、早收，尽可能减少地笼里小龙虾的密度及存放时间，防缺氧诱发、加重死亡。

6. 如何预防小龙虾肠炎

答：首先，我们要分析肠炎的原因，在养殖过程中，小龙虾受到很多外界因素和内部因素的影响，如环境差、水质污染、致病菌过多、饲料霉变或投喂过多都会引起肠炎。小龙虾肠炎主要表现为以下两种类型：

（1）机械性肠炎，主要是投喂不当导致消化不良引起的。

（2）细菌性肠炎，主要因水体中致病菌过多，虾体质弱，抗病力差。

预防方法：

（1）对于机械性肠炎，主要是要解决消化不良的问题，可内服药物以促消化，且能起到保护肠道和促生长的作用。

（2）对于细菌性肠炎，主要是保证饲料和水质清洁卫生无污染，可定期在饲料里添加药物以防治细菌性肠炎。

7. 如何预防小龙虾细菌感染

答：首先我们要了解细菌大量繁殖及感染小龙虾的原因：

（1）池塘条件适合细菌滋生。目前感染小龙虾的致病菌（如嗜水气单胞菌等）都属于厌氧菌，在池塘氧债高、水质差的时候容易大量生长繁殖。

（2）池塘营养失衡，缺乏有益菌生长的必要营养元素（如碳源），有益菌生长受到抑制，致病菌有更多的生长空间。

（3）杀虫、杀菌不当，大部分的常规药物在杀死致病菌的同时也会影响有益菌，不当的杀虫、杀菌会破坏池塘菌群平衡，增加细菌的抗药性，加大发病时的治疗难度。

（4）小龙虾自身体质差，对细菌的抵抗力差。

因此，在预防上我们要做到：

（1）加大池塘增氧，定期解毒、改底，改善池塘环境，减少病原菌的滋生。

（2）正确施肥和补菌：使用营养全面的可溶性有机肥，丰富池塘营养，防止施肥不当造成池塘营养失衡后病原菌大量繁殖；适当补充有益菌，提高池塘有益菌的丰富度，抑制有害菌。

（3）谨慎杀虫、杀菌，以稳定池塘环境为主。

（4）长期内服保健，增强小龙虾体质，提高对致病菌的免疫力。

8. 小龙虾出现黄鳃、黑鳃的原因是什么，怎么预防

答：养殖过程中，小龙虾出现黄鳃、黑鳃，有以下常见原因：

（1）受水质影响：小龙虾的鳃丝容易黏附水中的有机质，导致鳃丝发黄、发黑。

（2）烂鳃：黄鳃为烂鳃早期症状之一，随着病情的加重，鳃丝由黄变黑，甚至溃烂脱落。

建议：

（1）多增氧、勤改底，改善底层环境。

（2）合理投喂，防因过量投喂而产生大量残饵粪便污染底质。

（3）养殖过程中定期调节水质、消毒防病，减少烂鳃。

9. 小龙虾出现挂脏、长毛是什么原因？该如何预防

答：常见原因有：

（1）养殖过程中，长期不改底或不能定期改底，残饵粪便大量积累，塘底环境差，易滋生大量纤毛虫，附着在小龙虾体表及鳃部，形成挂脏、长毛的现象。

（2）水草或青苔腐烂较多，水体中有机质的增多导致。

（3）小龙虾体质差，活动能力弱，藻类、有机质等附着在小龙虾体表，形成挂脏。

（4）池塘环境差、营养积累不足等，导致小龙虾不蜕壳或蜕壳时间延长，体表有机质慢慢积累，形成挂脏、长毛。

建议：

（1）养殖过程中定期改底，分解残饵粪便，减少有机污染，抑制、减少纤毛虫滋生。

（2）合理补肥、补菌，促进有机质的分解，提高水草及藻类的净化能力，净化水质。

（3）养殖过程中，坚持内服保健，均衡营养，增强体质，保障顺利蜕壳。

五、典型案例

1. 小龙虾感染白斑综合症病毒，杀虫后加重死亡

湖北孝感汉川市里潭乡周余台村，有一口小龙虾养殖池塘，老塘面积为 35 亩（图 7-1），四周设环沟，田坂上种植轮叶黑藻（灯笼泡），平均水深 70 厘米，无增氧机，进水水源为河道水，养殖密度较大，当前小龙虾平均规格为 20 克/只。由于 2021 年 7 月上旬连续阴雨天气，造成池塘水位上涨，水草根部腐烂且活力不足，纤毛虫大量繁殖，小龙虾体色发黑。

7 月 20 日，晴，小龙虾开始出现死亡（图 7-2），死亡 2 斤左右。

7 月 21 日~24 日，每日死亡 2 斤左右。

图7-1　发病池塘

图7-2　死虾漂浮于水面

　　7月25日，晴，上午，用快速水质测试盒测得水体 pH 值为 8.5、无氨氮和亚硝酸盐。哈希溶氧仪测得水温为 28.3℃，溶氧为 5.86 毫克/升。当天使用杀纤毛虫的药物，死虾约 10 斤，水面出现少量白色浮膜。

　　7月26日，晴，小龙虾死亡约 30 斤，使用 3 瓶 5 千克的"碧水安"解毒。

　　7月27日，下雨，小龙虾死亡约 20 斤。从塘口带回 3 只小龙虾，镜检体表有大量有机质及纤毛虫（图 7-3），解剖后发现小龙虾鳃部发黑（图 7-4），取病虾肝胰腺、鳃、肌肉接种至 TCBS 弧菌培养基进行细菌分离培养，经室温（约 28℃）培养 24 小时后，从有的虾样品中分离出大量细菌（图 7-5）。取病虾用 95% 的酒精固定，经普通 PCR 检测白斑综合症病毒，结果 3 个样品的白斑综合症病毒检测均呈阳性（图 7-6，7、8、9 号泳道）。

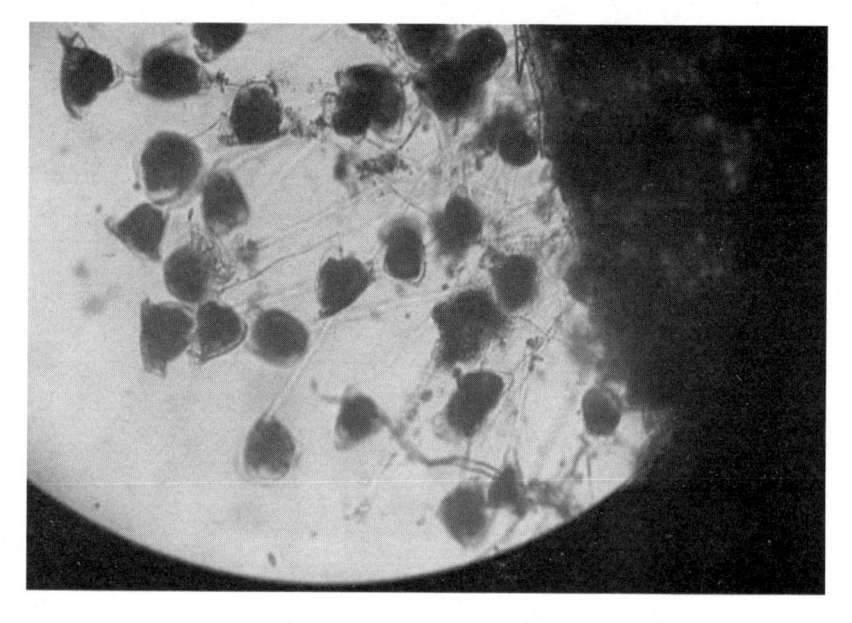

图 7-3　病虾体表挂脏，镜检见大量纤毛虫

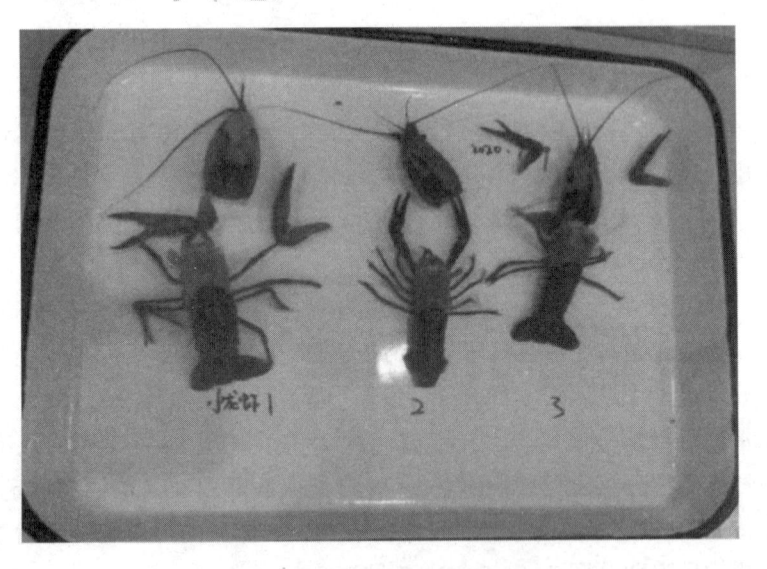

图 7-4　病虾体表发黑、黑鳃

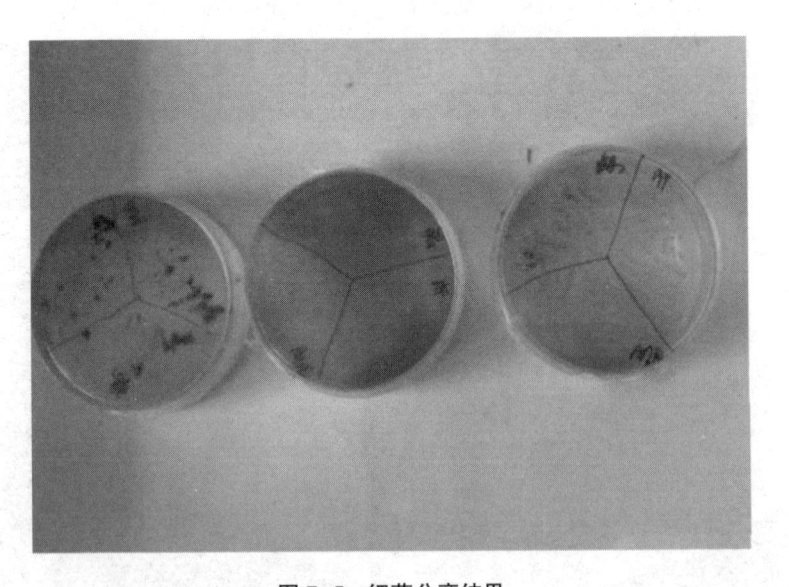

图 7-5　细菌分离结果

　　　　　　M　0　1　2　3　4　5　6　7　8　9

图7-6　病毒检测结果

　　分析：持续阴雨天，导致池塘水位上涨，水体透明度下降，水草活力下降，溶氧低，小龙虾摄食减少，水中残饵粪便积累，滋生大量弧菌、纤毛虫，小龙虾体质减弱；病虾自身可能携带白斑综合症病毒，杀虫后加重死亡。

　　应对策略：应当采用水质改良动保产品改善水质，增强水草活力，采用有效免疫增强制剂或活性物质抑制弧菌繁殖，减少小龙虾死亡。

　　2. 下肥不当导致小龙虾大量上坡

　　湖北洪湖小港管理区农场，一口小龙虾精养池塘面积为8亩，无环沟，水深90厘米左右，无增氧机。全塘种植伊乐藻，有部分青苔。该塘为多年养殖的老塘，小龙虾均为自繁自育，养殖密度不详。

　　2021年4月1日，晴，下午2时，使用肥水膏进行肥水，促进水草和虾苗生长，没有青苔的一半池塘下肥较少，有青苔的一半池塘下肥较重。下午5时，在投喂时发现有较多的小龙虾出现不同程度的上坡、上草现象，并且下肥多的一边严重，而另一边基本没有。池塘内小龙虾大量上坡、上草（图7-7，图7-8），在水面乱窜打转，死亡龙虾的鳃丝发黄（图7-9），使用快速水质测试盒检测水质指标：溶解氧14.58毫克/升（图7-10），龙虾上坡严重的一边，水质的pH值为9.5，氨氮为0.6毫克/升，亚硝酸盐未测出（图7-11）；另一边水质的pH值为9.5，氨氮、亚硝酸盐均未测出（图7-12）。当天加水3公分，并使用解毒药剂处理水质。

4月2日，小龙虾便再无上坡、上草的情况出现。

分析：天气晴好时，水草光合作用强烈，池塘pH值升高，在过量施肥或使用氮含量较高的肥后，池塘中的氨氮会快速上升，pH值较高时，氨氮毒性增强，导致小龙虾中毒。

解决策略：加注新水后可缓解中毒情况，无论是氨氮中毒还是气泡病，加水都是快速缓解症状的方法。

图7-7　发病池塘

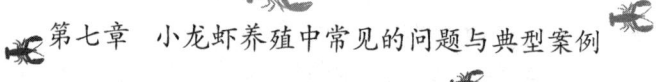
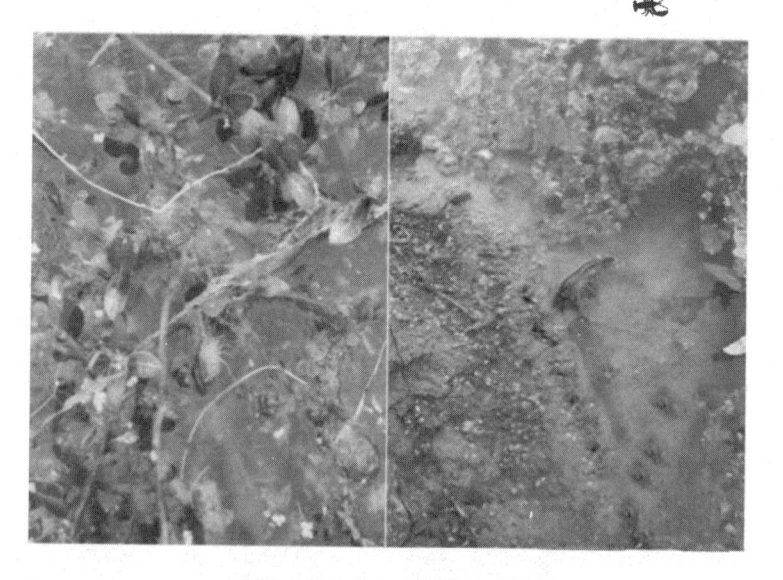

图7-8 上草、上坡的小龙虾

图7-9 死亡小龙虾的鳃丝发黄

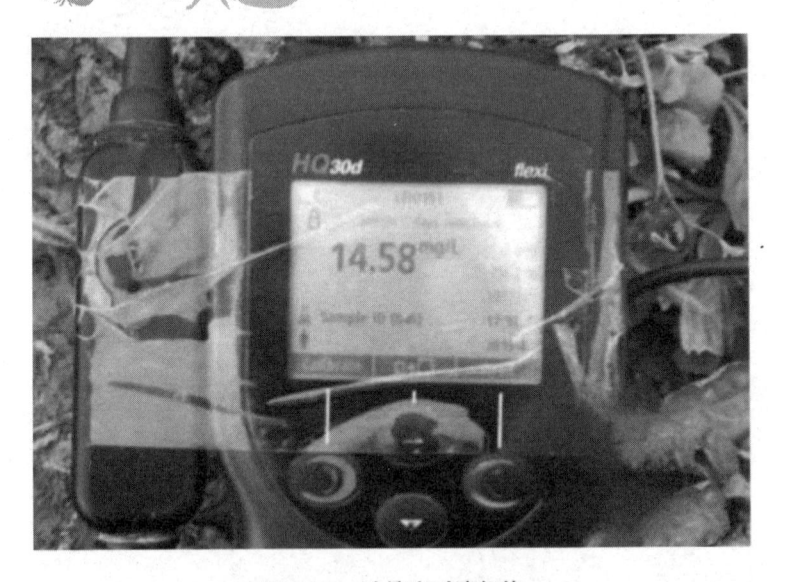

图 7-10　池塘实时溶氧值

图 7-11　小龙虾上坡多的一侧的水质指标

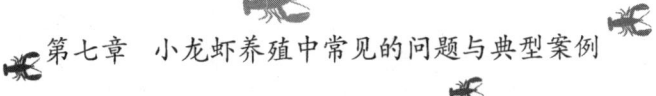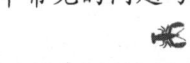

图7-12 小龙虾上坡少的一侧的水质指标

3. 稻田养殖小龙虾发生气泡病

湖北荆州螺山镇皇堤村有一口8亩的稻田养殖小龙虾池塘（图7-13），环沟水深80厘米，坂田水深30厘米，配有一台1.25千瓦的喷水式增氧机，坂田上栽种少量伊乐藻，长有少量青苔。2019年8月投放种虾400斤，自繁自育，池塘密度较大。

图7-13 发病池塘

　　2020年4月14日至16日，连续晴天，气温15~25℃。16日晚上7点30分左右，养殖户反映池塘从下午4点开始出现大量小龙虾漂浮于水面（图7-14）。经对塘口调查发现，发病小龙虾腹部、尾部等的甲壳内可见大量气泡（图7-15），小龙虾规格为4~7厘米/尾。使用哈希溶氧仪测得：溶解氧为17.67毫克/升、饱和度为288.6%、水温为28.1℃（图7-16）pH值为9.2、无氨氮、无亚硝酸盐（图7-17），镜检观察小龙虾尾部甲壳内气泡较多（图7-18）。当天晚上开启增氧机至第二天早上。

图7-14　病虾漂浮于水面

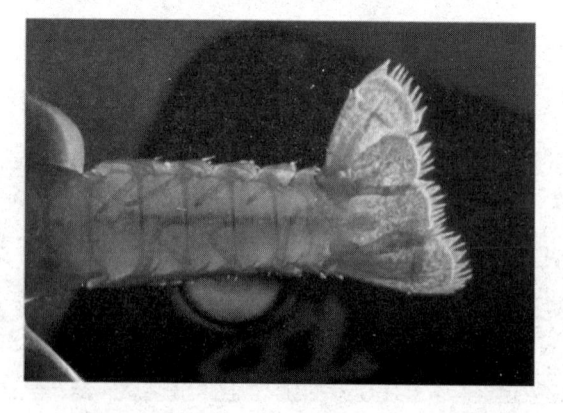

图7-15　病虾腹部、尾部甲壳内可见大量气泡

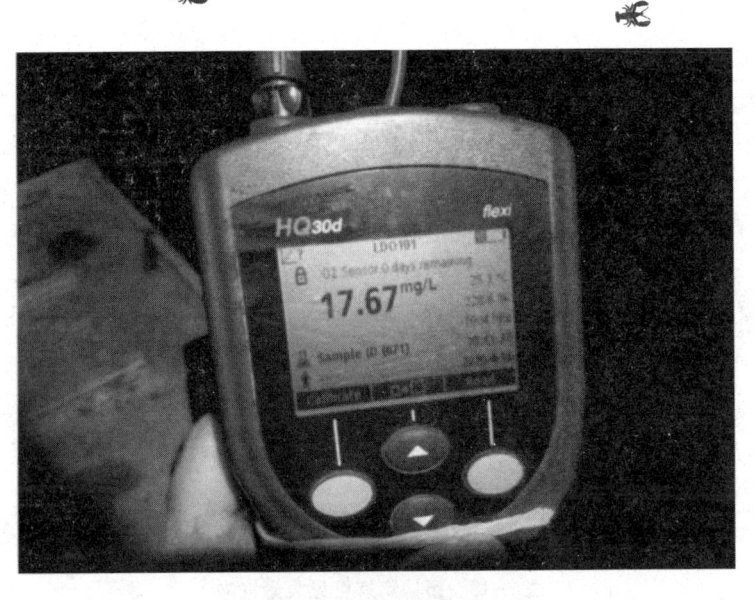

图 7-16 池塘溶解氧严重过饱和

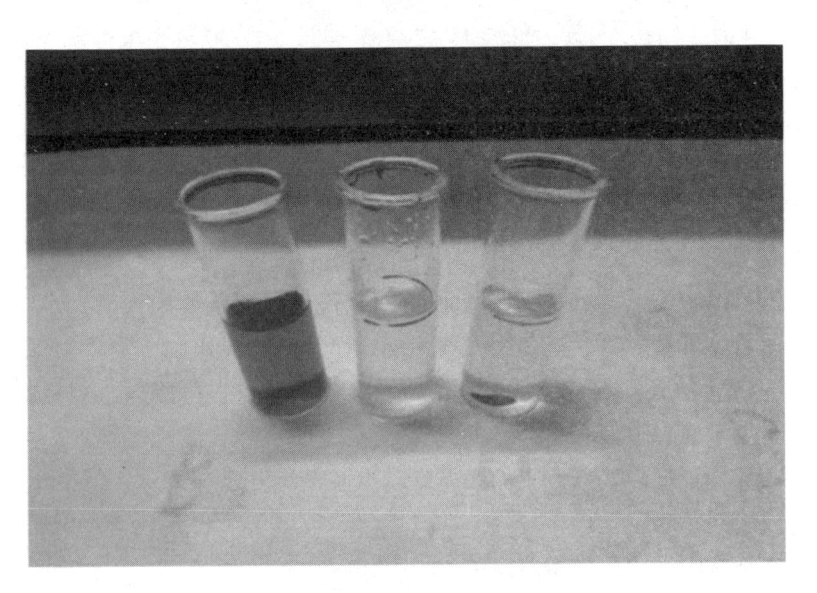

图 7-17 发病时池塘 pH 值高

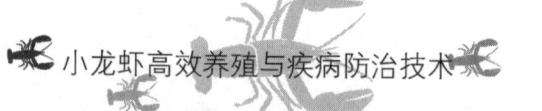

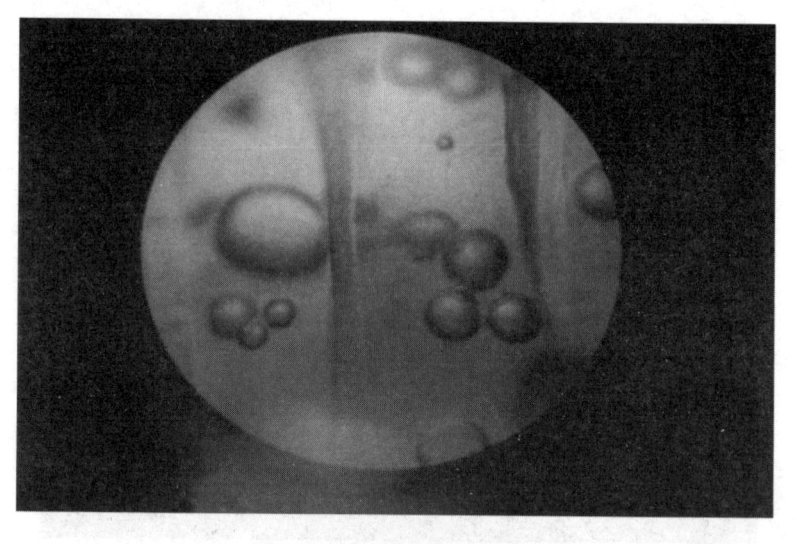

图7-18 镜检病虾可见大量气泡

4月17日，阴天，气温15~27℃。早上6点30分，未再发现有小龙虾漂浮于水面，腹部、尾部等也未发现明显气泡。测得池塘溶氧为2.58毫克/升、饱和度为30%、水温为22.6℃。

4月23日，小龙虾活力及摄食正常，未发现有尾部溃烂、水肿或肌肉发白等问题，发病全程均未见死亡。

分析：

（1）稻田养殖小龙虾的水位普遍较浅，遇到连续晴天后，水中溶氧及饱和度过高，极易引发气泡病，严重时造成死亡。

（2）病虾多数是小规格虾苗，种虾发病较少，可能与小规格虾自身调节能力差有关。发病后未见明显尾部水肿、溃烂等情况，可能与发病程度较轻或严重的小龙虾较少而不易发现有关。

应对策略：

连续晴天应适当增氧。

4. 降雨缺氧诱发小龙虾白斑综合症死亡

湖北荆州桥市镇龚张村有一小龙虾稻田养殖池塘（图7-19），呈

L型，面积为7.5亩，水深0.6米，环沟水深1.5米，有1台1.5千瓦的水泵和1台1.5千瓦的喷水式增氧机。原塘自繁自育的小龙虾。

图7-19 发病池塘

每天投喂60斤颗粒料和15斤面条，2018年5月15日，多云，池塘出现水浑，小龙虾吃料变差，根据情况初步判断池塘轻度缺氧，使用溶氧颗粒进行补氧。5月16日，大风，小龙虾开始出现死亡，约20尾，规格均大于20克/尾。地笼中无死亡的虾。5月17日，大风，死亡约15斤，地笼中发现零星死亡。5月18日，多云，天气闷热，死亡30余斤，其中地笼中死亡约20斤。上午时间，测得池塘上层溶氧为3.14毫克/升，底层溶氧为2.06毫克/升，水温为28℃。继续使用各类溶氧改底产品。5月19日，小雨，死亡量为12斤，地笼中死亡1斤左右，早上测得池塘底部溶氧为3.54毫克/升。5月20日，死亡约10斤，地笼中无死亡。5月21日，死亡约10斤，地笼中无死亡。

取濒死小龙虾4尾，解剖发现其头胸甲易分离（图7-20），肝脏发白（图7-21），鳃丝微黄，胃、肠道无食（图7-22），镜检发现鳃丝上的杂质较多（图7-23），部分有少量纤毛虫。使用普通培养基对肝脏进行细菌分离培养，24小时后挑取优势菌落，经16SDNA测序初步鉴定为柠檬酸杆菌。取病虾鳃与肝脏组织，用 95% 酒精固定后送公司研究所用 PCR 方法检测病毒，结果显示白斑综合症病毒呈阳性（图 7-24）。用波恩氏液保存病虾各病变组织做病理切片观察，结果显示肠上皮细胞有明显核肿大现象，细胞零星坏死（图 7-25）。

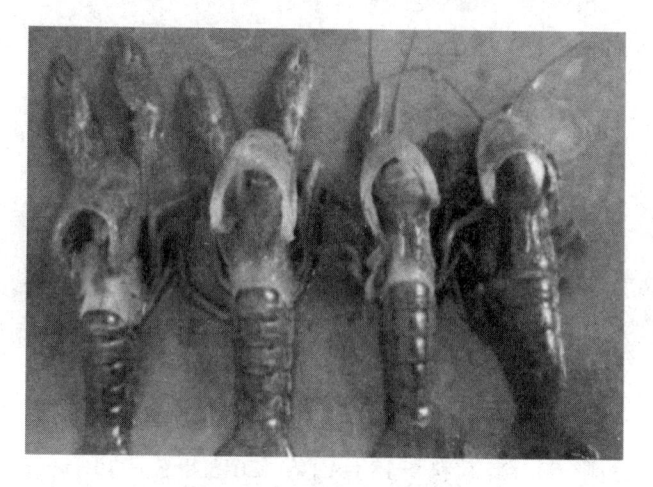

图 7-20　病虾头胸甲易分离

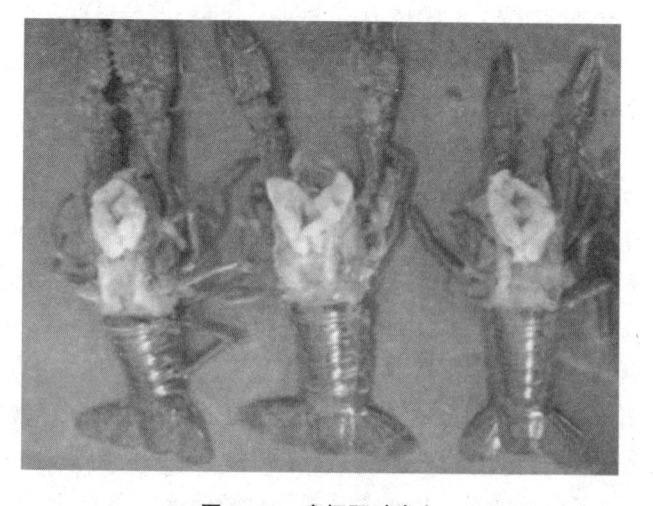

图 7-21　病虾肝脏发白

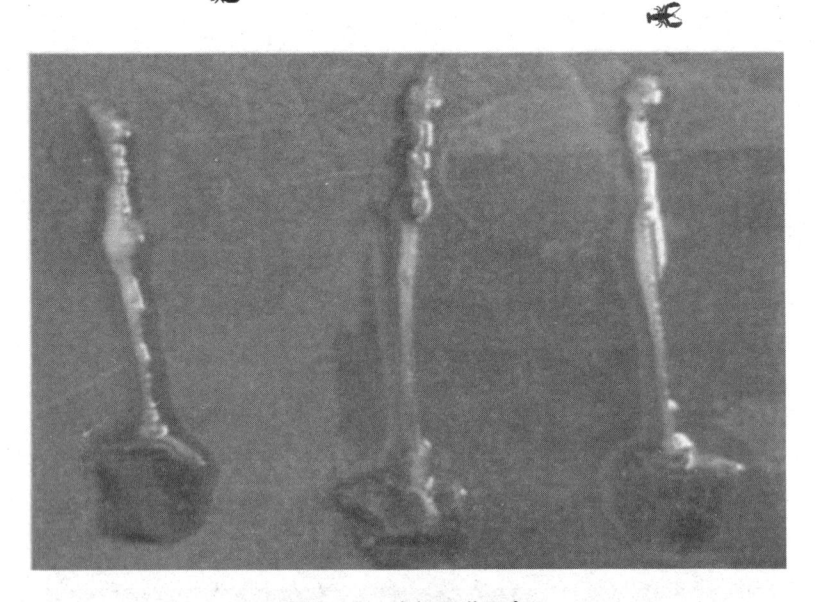

图7-22 病虾肠道无食

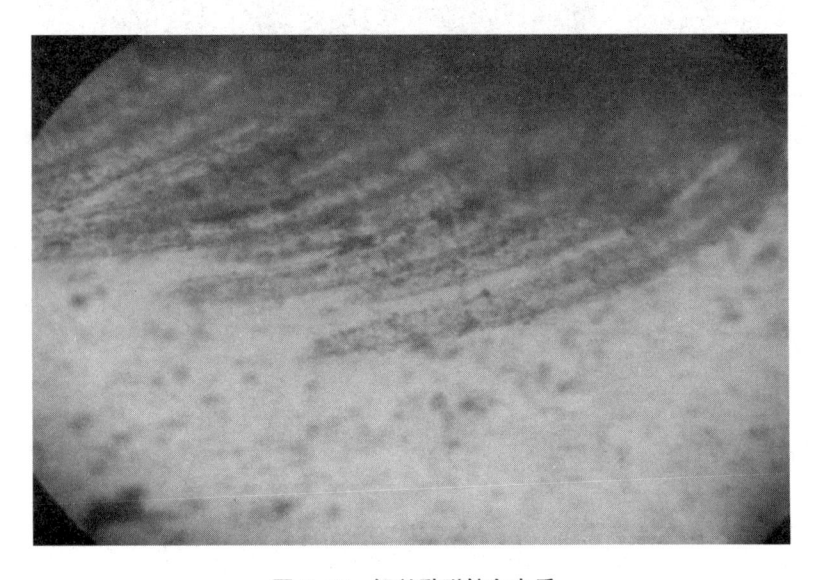

图7-23 鳃丝黏附较多杂质

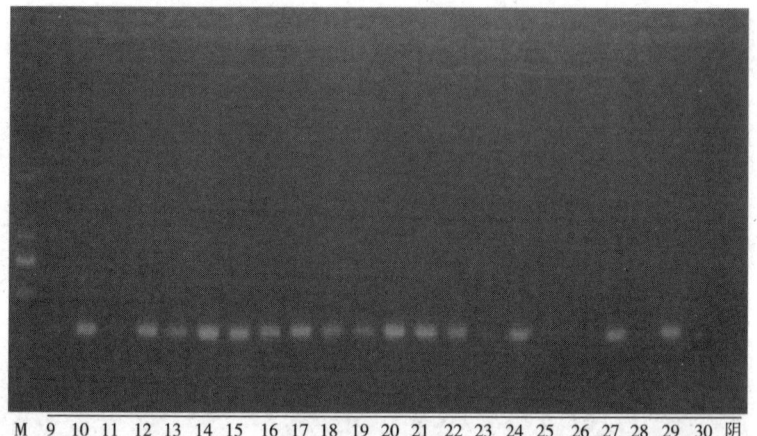

M 9 10 11 12 13 14 15 16 17 18 19 20 21 22 23 24 25 26 27 28 29 30 阴

图7-24　白斑综合症病毒检测均呈阳性（18、23、26、28泳道）

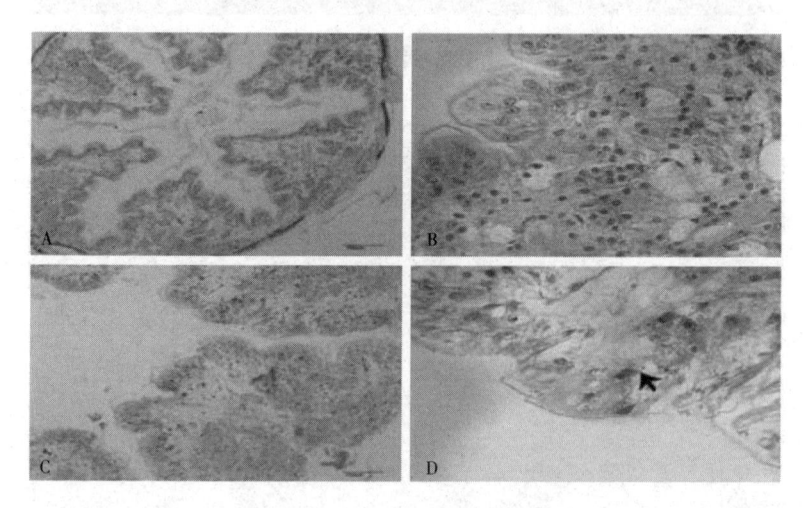

图7-25　肠上皮细胞核明显肿大

分析：

（1）每年4~6月水温升高到20℃以上，是白斑综合症病毒病的高峰期。小龙虾养殖池塘缺乏增氧设施，遇到闷热天气极易出现缺氧现象，进而诱发病毒病发生。发病虾大多体质差，抵抗力弱，极

易继发感染细菌，加重死亡。

（2）建议平时重视调水、改底，改善池塘环境，减少耗氧源；内服保健，增强自身体质，提高抵抗力，减少发病。发病后，及时增氧，减少死亡；慎重消毒、杀虫等，避免强烈刺激而加重死亡。

5. 疑似气泡病引起虾体发白

湖北省洪湖市螺山镇螺山村有一口18亩的稻田养虾池（图7-26），四周环沟，做有内埂，沟中水深1.5米，坂田水深0.5米，埂子上长满水花生、水游草，1台4寸的抽水泵，小龙虾自繁自育，养小龙虾苗。

图7-26 发病池塘

2019年5月10日停止起捕虾苗，虾苗状态正常。5月18日，小雨转大雨，22~30℃，死亡10余尾。5月19日，小雨转阴，19~26℃，死亡10余尾。5月20日，多云，16~26℃，死亡10余尾。5月21日，多云，15~22℃，死亡10余尾。下午2点客户上店反映，今天开始起捕虾苗，发现虾苗肌肉发白（图7-27），虾贩不收，水色偏绿，每天投料1包。用简易测试盒检测水质指标：pH值为8.3，无亚硝酸盐和氨氮，总碱度为 100mg/L（图 7-28），溶解氧未检测；水体颜色发绿，镜检水样有大量蓝藻（图 7-29，图 7-30）；随机挑选 5 只病虾（规格 80 尾/斤），取肝胰腺、肌肉、肠等组织并用波恩氏液固定做组织病理切片观察，组织病理切片结果显示：肌肉组织均可观察到气泡或者气柱，肌束萎缩，肌纤维弯曲、断裂，组织较杂乱，肝胰腺组织腺管轻微萎缩，肠正常（图 7-31）。

图 7-27　肌肉发白的小龙虾

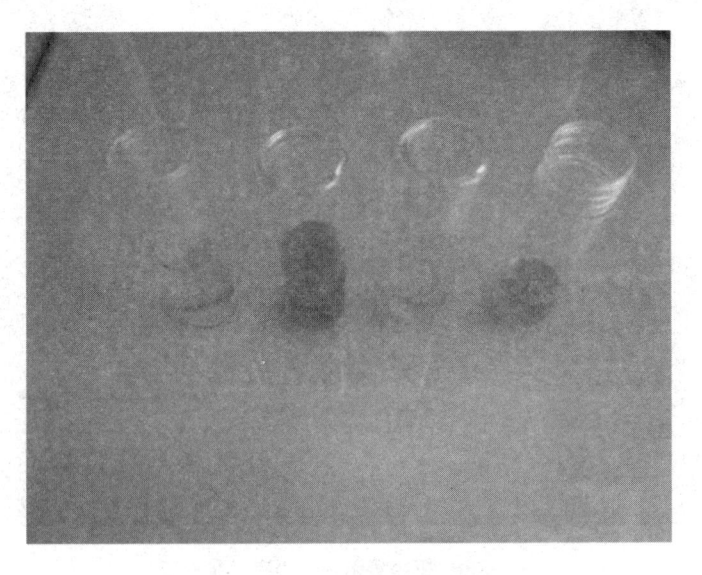

图7-28 水质指标检测结果

图7-29 水色发绿

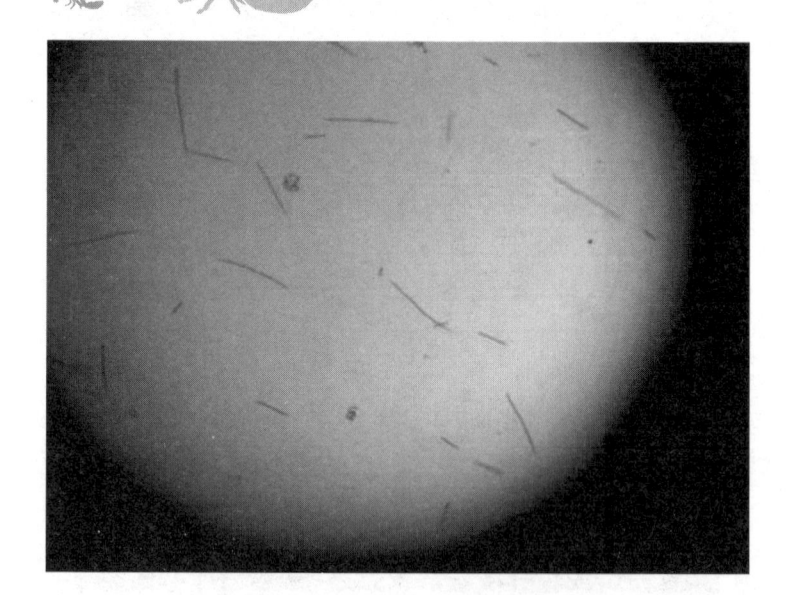

图 7-30　镜检显示水体内有大量蓝藻

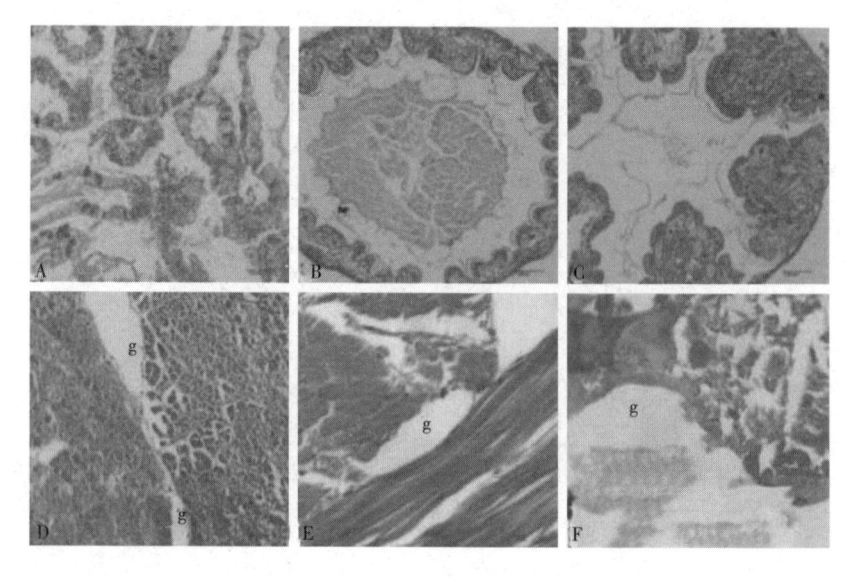

图 7-31　组织切片

A—肝胰腺　B，C—肠　D，E，F—肌肉柱　g—气泡或气柱

 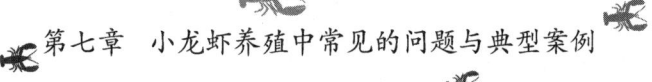

分析：

（1）一般5、6月下雨后，小龙虾出现这种肌肉发白的情况较多，肌肉发白的严重程度不同，一段时间后池塘中这类发白虾的数量会减少，一般不会出现明显直接大量死亡。

（2）水位浅、坡位置多，水肥、水浓、蓝藻暴发，水环境差、水草开始明显腐烂等的池塘易发生此类现象；通过病理组织切片观察，发病小龙虾的肌肉组织均可见气泡或气柱，结合流行病学特征，怀疑小龙虾肌肉发白是气泡病引起。

参考文献

［1］王克行．虾蟹类增养殖学［M］．北京：中国农业出版社，1997.

［2］刘焕亮，黄樟翰．中国水产养殖学［M］．北京：科学出版社，2008.

［3］黄瑞．虾蟹增养殖技术［M］．北京：化学工业出版社，2009.

［4］战文斌．水产动物病害学［M］．北京：中国农业出版社，2012.

［5］龚世园，何绪刚．克氏原螯虾繁殖与养殖最新技术［M］．北京：中国农业出版社，2011.

［6］董双林，田相利，高勤峰．水产养殖生态学［M］．北京：科学出版社，2017.

［7］周凤建，强晓刚，常国亮．小龙虾高效养殖与疾病防治技术［M］．北京：化学工业出版社，2020.

［8］汤靓颖．小龙虾产业发展研究［J］．现代农业科技，2009（22）：2.

［9］王武．我国稻田种养技术的现状与发展对策研究［J］．中国水产，2011（11）：6.

［10］陶忠虎，周浠，周多勇，等．虾稻共生生态高效模式及技术［J］．中国水产，2013（7）：3.

［11］程慧俊．克氏原螯虾稻田养殖生态学的初步研究［J］．湖北大学，2014.

［12］徐增洪，周鑫，水燕，等．克氏原螯虾繁殖行为生态学的实验研究［J］．中国水产科学，2014，21（2）：8.

［13］蒋国民，李金龙，刘丽，等．克氏原螯虾细菌性病原分离鉴定及血清免疫因子变化［J］．水产学报，2023，47（4）：159-167．